质趣志 02

编织的色彩乐章

回归线教研组 编

顾嬿婕 主编

上海科学技术出版社

目　录

卷 首 语

2023 年的三八妇女节对我们来说与往年的"女神节"不同，因为在这一天，我们筹备多年的《质趣志》终于和大家见面了。图书出版之后，我们陆续收到了许多读者的热情反馈，"希望质趣志系列能够带着初心，陪伴越来越多的手工爱好者感受和分享更多美好的瞬间，一路常青，越做越好！"带着这份希冀和祝福，我们的《质趣志 02：编织的色彩乐章》如约而至。

说起书名"质趣志"，我们曾在 2014 年，以这三个字为主题制作了第一份回归线品牌的宣传册，当时在首页有这样的一段话："在这样一个浮躁的数码化时代，信息的传递快速而零碎，恰恰如此，传统的阅读便是回归精神最适合的表达，纸张也正是感知这种精神最好的载体。"大概也是从那时起，以纸为媒介去承载设计者们的灵动创意，让"质趣志"成为可以流传的书籍，这个美好愿望的种子在那时便已种下了。

因此，"质趣志"这三个字所承载的初衷，便是想与更多的编织爱好者、原创设计师们共同投入到这份"质朴之趣"之中，聚沙成塔，愿每一针一线的投入与创造，都能为中国编织行业的成长与壮大献出绵薄之力。于是我们仍愿意一步步地去尝试、去创造，即使这个过程充满艰辛。我们希望在一步步的前行中，能让编织的技艺和匠心得以传承、发扬，为中国编织注入更多鲜活的生命力。

作为质趣志手工系列的第二本，《质趣志 02：编织的色彩乐章》收录了 17 位设计师及手工编织爱好者的原创作品 30 款，品类涵盖了毛衣、半裙、连衣裙、毯子、包包等，以春夏季织物为主。在这个夏长绿浓的时节与大家见面，愿色彩缤纷的丝线与奇思妙想的灵感陪伴着你的悠然编织时光。

01

双色曲径花形无袖衫

编织花样自然形成曲线花纹，前后身两种颜色在两侧胁部连接处形成曲线效果，别具匠心。轻盈的造型，在春夏换季时穿着，温和舒适。

设计：素织
用线：回归线·蜕
编织方法：第 49 页

02

V 领落肩无袖衫

通过花样变化形成前大后小的 V 领，下摆、袖口和领口也因花样形成波浪边，给人清新曼妙，自然灵动的感觉。似春天向上生长的藤蔓，嫩嫩的、软软的，又似夏日微风吹皱的一池春水，泛起涟漪。

设计：昕子
用线：回归线·蜕
编织方法：第 51 页

03

真丝马海毛花叉花朵长袖衫

"时光易老花易落，手作繁华抢风流，此情不老少女心，一箱锦绣饰衣衫。"花叉编织器制作的花朵点缀在胸前和袖口，美丽又朦胧。棒针编织衣身主体，充分展现山竹粉的内敛、马海毛柔的轻盈、真丝亮的矜贵。

设计：秋水丰神
用线：回归线·锦瑟

编织方法：第 54 页

04

白色亚麻花叉花朵半裙

每一朵花仿佛都是心中的祈望。亚麻的平针
纹理上散落几朵真丝马海毛花朵，柔美圣
洁，花蕊上点缀灌银米珠，星光点点，有亮
度又不奢靡。

设计：秋水丰神
用线：回归线·丝语 / 锦瑟
编织方法：第 56 页

羊
绒
花
叉
花
朵
多
用
披
肩

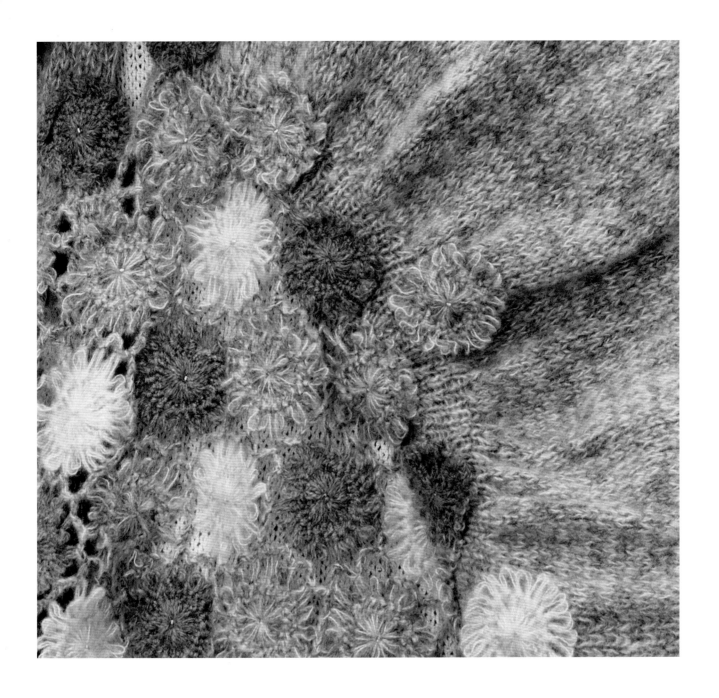

羊绒与双色真丝马海毛搭配成三色的花叉花朵是"虚"的部分，柔和的主体是"实"的部分，虚实的结合诠释了设计师想表达的"花非花，雾非雾，去似朝云无觅处"。本作品可作围巾或披肩，尾端小球与环扣还可相连，变化穿戴方式。

设计：秋水丰神
用线：回归线·念暖 / 锦瑟
编织方法：第 58 页

06

藕玉色真丝圆领短袖衫

顺滑的真丝，内敛华贵；细针细线，育克横编，高级舒适。设计灵感来自常用于欧洲蕾丝披肩的花样，空灵秀美，与这款真丝线完美契合，育克部分层层展开，别有韵味。

设计：红苹果
用线：回归线·絮白
编织方法：第60页

07

藤黄色亚麻前后差套头衫

有点倔强的亚麻，因它的骨感、透气性和垂坠感，穿着更舒适，为炎炎夏日撑起一片阴凉。亮丽的藤黄色，总是让人想起春天里满山的油菜花，明亮又浓烈，充满希望和活力。纵向编织与横向编织的结合、前后差的设计、侧边的扣子，处处显示着独特匠心。

设计：红苹果
用线：回归线 · 素安
编织方法：第 63 页

08

白羽色真丝无袖衫

真丝干爽又带有骨感的挺括，掂在
手中虽有一定的分量感，但上身却
毫不觉得闷热，夏日炎凉必备。真
丝线独有的光泽、满身的花样与层
叠的花边，让这件作品高级感十足。

设计：刘黎莉
用线：回归线·絮白
编织方法：第 65 页

09

三角形山水披肩

三角形的披肩，主体下针编织像倾泻而下的山泉，边缘镂空花样像山间流淌的溪水。披在身上，心情瞬间变得舒畅。

设计：素织
用线：回归线·蜕
编织方法：第70页

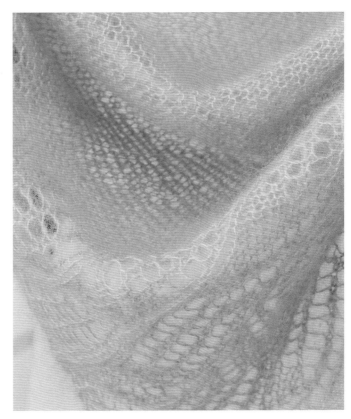

10

V 领 流 苏 段 染 背 心 裙

这件马海毛作品非常轻，只有 128 克，细细的马海毛用粗针编织，让整个裙子更加轻盈、多姿。配上纤细柔美的流苏和渐变的色彩，就像把午后的习习凉风穿在了身上。

设计：树小喵
用线：回归线 · 慕颜
编织方法：第 73 页

11

桂花色长袖毛衣

八月桂花香，大街小巷无论走在哪里，都有
一股沁人心脾的花香。而时光易逝，繁花易
落，想留住自然中匆匆而过的美好，于是设
计师便把桂花的颜色织进衣物伴随身边。

设计：纸鸢
用线：回归线·蜕
编织方法：第 75 页

12

海浪多色家居毯

阳光下深蓝的海面闪耀着七彩光晕的波浪。用丰富的颜色,把这七彩光晕编织成舒适的毯子,是闲暇休憩时养眼的陪伴。

设计:张灵英
用线:Lifeyarn · 团团 / 甜彩
编织方法:第77页

13

蝴蝶飘带背心

即使年岁见长，但心里一直住着一个爱做梦的调皮又灵动、温婉又时尚的气质仙子。恍惚间有蝴蝶翩飞在仙子身边，穿过葱绿的林间，似真似幻，犹如梦境。作品采用佳音这款略带乖性、柔软又亲肤的优质线材。右侧空加针形成的小镂空透着俏皮，下摆的双罗纹针凸显了女性身材的曼妙，右侧下部的飘带系成蝴蝶，在行走间肆意摇摆，挥洒独属于女性的青春活力。

设计：小溪潺潺
用线：回归线·佳音
编织方法：第 79 页

14

棉草圈圈手提包

棉草编织的包包清爽怡人，适合春夏季外出使用。
设计师的初心是想用一种简单且出效果的方式制作
一款镂空包，于是选取简单的圆形作为基本元素。
为了使包包保持廓形，即使装东西也能保持原有的
形状，选择每个圆圈都内置了塑料圆环，这样也大
大减小了采用一线连编织的难度。针法也只用到了
最简单的短针和引拔针，整个包身一气呵成。搭配
半圆形的口金提手，复古又文艺。

设计：王小来
用线：回归线·夏至
编织方法：第81页

15

小猫耳零钱包（圆形）

16

小猫耳零钱包（长方形）

小动物的耳朵自带可爱属性。这是一种简单有趣的结构，只需在基础形状上进行简单的加减针，便可以获得一对可爱的猫耳朵。设计了两个形状，圆形圆润可爱，适合装一些零碎的小物件；长方形简约沉稳，更便于装卡片和零钱。

设计：王小来

用线：回归线·夏至

编织方法：第 83 页

17

春意盎然拼色斗篷

春天是绿色的，春天的绿又是丰富多彩的，有深绿、浅绿、墨绿……树的绿、草的绿、叶子的绿……每一种绿都不同，每一种绿都是生命的绿。一件大大的绿斗篷，用不同的线材、不同深浅的绿来编织，宽松舒适，仿佛把春天穿在身上。

设计：大可
用线：回归线·锦瑟 / 丝念 / 嫣暖 / 苏暖
编织方法：第85页

18

亚麻套装：
圆育克长袖衫

作品借鉴经典的志田花样，圆育克部分通过分散减针编织而成。育克花样延伸自然形成领边，尽显匠心。

设计：钱莲芳

用线：回归线·素安

编织方法：第 87 页

19

亚麻套装：
A 字型长裙

裙身运用分散减针的技法，形成波浪型的裙摆，恰好体现女性的优雅。镂空设计使裙子显得轻盈，亚麻材质又使裙子有一定的垂坠感。裙身花样与上衣育克花样呼应，整件套装显得更加和谐统一。

设计：钱莲芳

用线：回归线·素安

编织方法：第 87 页

20

钩织结合镂空背心：烟雨色

21

钩织结合镂空背心：湖绿色

钩针、棒针技法相结合，大小花样相融合，穿在身上显瘦清爽。设计了两款颜色，更多搭配的可能性，你来试试吧。

设计：芮迪亚
用线：回归线·素安
编织方法：第91页

22

渐变色拼接披肩

作品运用线材自带的段染效果，营造出如夏日晚霞般的美丽渐变色，宽松的廓形可以随意搭配于日常穿着，不失为一道亮丽的风景线。

设计：清水瓜瓜
用线：回归线 · 若羽
编织方法：第 99 页

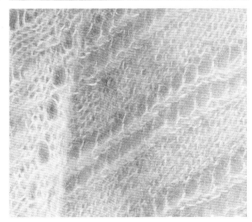

23

复古绣花方领中袖衫

朴实的颜色，简单的款式，搭配小小的绣花作点缀，呈现小小的复古感。设计师的初衷就是创作一款"好穿"又"好看"的钩针衫，选择略微宽松的版型是不挑身材的设计，增加舒适感和松弛感。

设计：Barbara Cui
用线：回归线·素语 / 悸动
编织方法：第 102 页

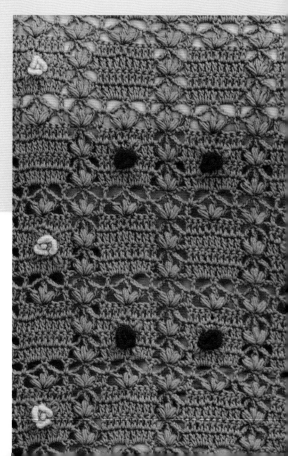

24

节 日 氛 围 披 肩

设计：Mu. 小胆儿
用线：回归线·溯原
编织方法：第 110 页

披肩不大，配色有碰撞对比，烘托出节日的气氛，哪个女孩子能不喜欢毛球球呢？

25

手形环抱围脖：长款

作品的设计灵感来自某一瞬间，
被小朋友环抱住脖子的感觉，柔
糯的、甜甜的、被需要……丰富
的颜色搭配作为配饰也尤为合适，
还是夏日空调房内的护颈神器。

设计：Mu. 小胆儿
用线：回归线·溯原
编织方法：第 114 页

26

手形环抱围脖：短款

长款适合环绕在脖子上，短款更像小披肩一样搭在肩膀上，懒洋洋的，双层的设计不但空调屋内可用，也为寒冷的冬天做准备。

设计：Mu. 小胆儿

用线：回归线·溯原

编织方法：第 118 页

27

风车花方毯

旋转的风车、愉快玩耍的孩童、吹散在空中的蒲公英种子……
渐变的绿色搭配风车的图案，是自由自在的感觉。试试不同的色彩搭配，诠释不一样的心情。

设计：张灵英
用线：Lifeyarn · 团团
编织方法：第 121 页

28

曲奇提花袜子

将五彩缤纷的颜色作为"配方"融在一款作品里，用奶油色的"茶白"来点缀，做成一款甜美又诱人的甜品，取名"曲奇"。

设计：舒舒
用线：回归线·知足

编织方法：第 124 页

29
卵石提花袜子

小时候喜欢蹲在河边观察石头，现在用蓝绿色的毛线绘成鹅卵石的图案，也像水中石头里冒出的一串串泡泡。两只袜子的图案是对称的，两个袜子靠在一起，可以拼成可爱的爱心形状。

设计：舒舒
用线：回归线·知足
编织方法：第 127 页

30
丹雨提花袜子

丹霞色的水滴图案，如雨点落下来，打在玻璃窗上形成雨丝，取名"丹雨"。

设计：舒舒
用线：回归线·知足
编织方法：第 130 页

「 设 计 师 细 语 」

素织

我对编织的最初印象是童年时拿个小板凳坐在妈妈身边帮忙，一边把线团散出来，一边看着毛线在妈妈手里飞舞，那会觉得特别神奇，一根线可以变成一件漂亮的毛衣……

昕子

小时候，依偎在妈妈身边，看她织毛衣。有了女儿后，我开始摸索着钩钩织织，乐此不疲，大概因为这一针一线里，藏着我对妈妈的温暖记忆吧。

- -

秋水丰神

现在编织不仅仅是喜欢，更是一种生活习惯，是生活不可或缺的一部分。哪一天要是没摸针线，就觉得缺少了什么。编织也是一种寄托，既可给亲朋好友送上一份美妙的装点，还可以是一天繁忙的工作之后给自己的释放。能在编织的世界里徜徉是一种幸运，编织与我是一种恩赐，我期望我与编织是交相辉映的。

红苹果

编织从一项无心的爱好变为我生活的一部分，在其中我结识了不少国内的编织老师和朋友，开阔了视野。同时，网络使世界变得更小，可以更容易了解这门手工艺术在不同国家和不同地区的发展，欣赏世界各国知名设计师们的精妙绝伦的设计，真是乐在其中！

- -

刘黎莉

退休前忙于工作，没有时间学习编织。退休后想做一点自己喜欢的事，于是就通过学习与实践投入到了编织的世界，让退休生活也因此多彩又充实。

树小喵

编织的时候，设计款式的时候，选毛线的时候，毛线抱在怀里的时候……无论是哪一个瞬间，都能让我平静又幸福。真的庆幸自己掉在这个"坑"里，我愿一辈子都乐在其中。

- -

纸鸢

还记得我从初中起就偷偷买毛线给朋友们织围巾，那时没有网络购物，骑着自行车跑遍小镇，只为寻找一家毛线店。编织是从小到大最不被家人支持的爱好，却是最治愈我的温暖事。

张灵英

成年人的世界总被压力包围，而手工制作时的专注，是解压的良药。沉溺在其中，整个人都是安静放松的，作品完成时，又是满满的成就和喜悦。

小溪潺潺

妈妈会绣花，整条街上都是有名的。我遗传了母亲的心灵手巧，天性使然，编织也成了我的爱好。还有治愈身心的丰富多彩的毛线，给人带来快乐的享受和无限的想象空间。

王小来

我正式开始了解和学习编织是在 2015 年的春天，在与编织长期的相处中，我发现了编织与我的专业（建筑学）有着不少相通的地方，如今，七年前春天发芽的种子已有了成熟的果实，希望未来无论再过多少个七年，我身边依旧有线，还有初心。

大可

喜欢那些可以在日常生活中长久陪伴的事和物，编织和毛衣刚好是。

钱莲芳

小时候为了赚手工费补贴家用而学会了这门技术，成年后就给家人和孩子织毛衣。为了能织出合体的毛衣，也为了能按自己的想法织出每一件作品，我学习了专业的编织课程，直到取得了编织指导员资格，我会在这项爱好中不断探索与进步。

芮迪亚

5 岁就喜欢拿钩针，寒暑假以钩各种作品来赚取学费。而现在，学习了专业的编织课程，越来越爱上手工编织的美与灵动。

清水瓜瓜

儿子出生后，母爱驱使我拿起了针线。虽然织出的毛衣时常不是大就是小，但我依然热情高涨。一下子十几年过去了，对编织我依然情有独钟。现在我可以毫不怀疑地确认，编织是我人生必不可少的一部分！

Barbara Cui

在一次网购时，我突然被一个漂亮的编织坐垫所吸引，之后又在一个偶然的机会中参加了"回归线"与子衿老师合作的线下编织活动，渐渐喜爱上了毛线和编织，渐渐成为"织女"的一员。

Mu. 小胆儿

想挑战一下拼色图案的披肩、简单但是有趣的短手围脖、搞怪的长手围脖。既然动手编织了就让织物变得特别且可爱起来吧！

舒舒

2012 年怀大宝时，在网上看到一双可爱的钩针拖鞋，我就此萌生了想要学习编织的想法，从此一发不可收拾，每天废寝忘食地玩毛线。如今我结识了不少编织好友，也有了自己的编织教室，在编织的世界里我会始终保持热爱……

花叉花朵制作教程

工具：2 cm 花叉编织器（简称花叉）1 个，2.0 mm 蕾丝钩针 1 个，毛线

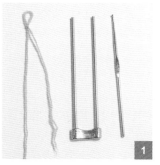

准备好工具，线打一个活结，线头留 10 ～ 15 cm。

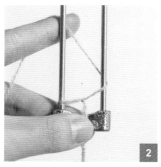

将活结套在花叉上，另一端的线绕过花叉左手拉住。

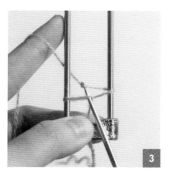

钩针从下往上穿过活结勾住上面的线。

把线拉出完成第 1 个线圈。

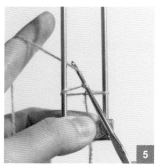

接着再钩上面的线。

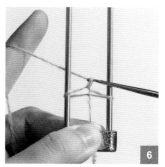

从第 1 个线圈钩出。

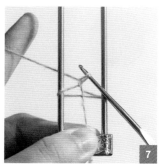

完成第 2 个线圈。

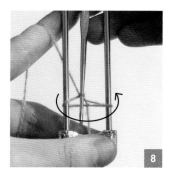

右手拿着钩针立起，放到花叉中间，逆时针旋转花叉。

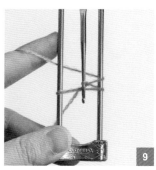

花叉转后如图。

调整位置，钩针挂线。

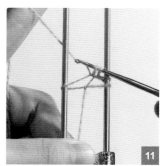

此时钩针上有 2 个线圈，再次挂线。

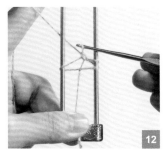

完成一次短针钩织。

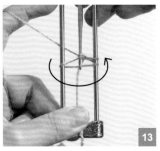

把钩针立在花叉中间，再次逆时针旋转花叉。

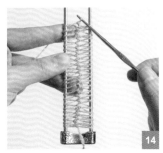

重复步骤10 ~ 13，直到花叉两边各有 24 个线圈。

把线从花叉上取下来。

末尾线剪断，剩10 ~ 15 cm，把线圈直接拉出，取下钩针。

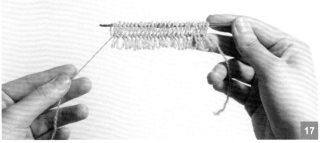

钩针穿过一边的 24 个线圈。

用钩针钩左侧线头，穿过钩针上的线圈（如箭头所示）。

不要把线头全部拉出来，拉到可以刚刚成环。

用钩针钩左侧末端剩的线头。

拉出一个线圈，直接把线拉出后，把另一端线头穿上手缝针。

找到左侧相邻线圈的位置进行缝合。

如图，完成缝合后形成一朵花。

再找到花朵中间的线头穿上手缝针。

如图把一圈都进行固定。

固定后再将线头穿入中心点结束。*

* 注：如需在中间点加珠子，用大眼针操作，不要把线头剪掉，后期方便缝到服饰上。

作品编织方法

01 双色曲径花形无袖衫

材料

回归线·蜕：砂砾色 60 g（双股）、
硫黄色 40 g（双股）

工具

棒针 4.5 mm、3.75 mm

成品尺寸

胸围 100 cm、衣长 51 cm

编织密度

10 cm×10 cm 面积内：
编织花样 20 针，28 行

编织要点

另线锁针起针 101 针，用 4.5 mm 棒针按照编织花样编织前、后身片。胁部作挑针缝合，肩部作盖针接合。按指定针数挑织领口，领口用 3.75 mm 棒针编织。袖口挑取针目做边缘编织。最后拆除前、后身片的另线，挑针按图解编织下摆的边缘编织。

※ 本书图中标注单位的表示长度的数字均以厘米（cm）为单位

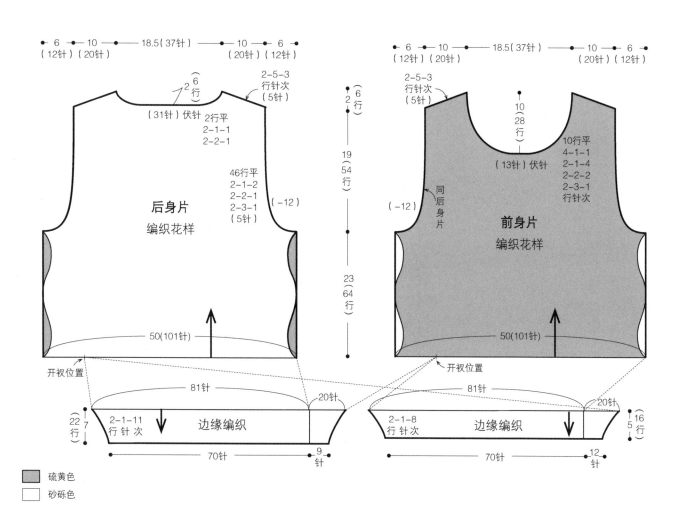

硫黄色
砂砾色

49

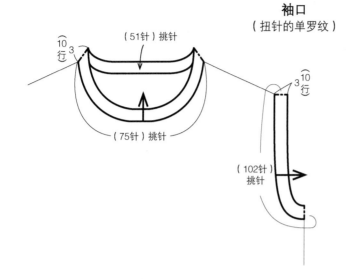

領口
（扭针的单罗纹）

袖口
（扭针的单罗纹）

（51针）挑针

⏜10
行 3

（75针）挑针

3 ⏜10
行

（102针）
挑针

边缘编织

−	Ω	−	Ω	−	Ω		
	Ω	−	Ω	−	Ω	−	
−	Ω	−	Ω	−	Ω		
	Ω	−	Ω	−	Ω	−	
−	Ω	−	Ω	−	Ω		
	Ω	−	Ω	−	Ω	−	2
−	Ω	−	Ω	−	Ω		1
						2 1	

□ = 1 =下针

− =上针

0 = 空加针

Ω = 扭针的加针

入 = 入字并针（右上2针并1针）

人 = 人字并针（左上2针并1针）

编织花样

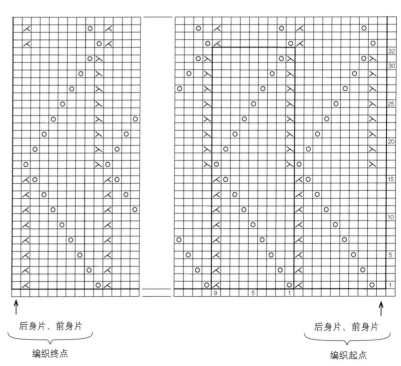

后身片、前身片

编织终点

后身片、前身片

编织起点

02 V领落肩无袖衫

材料

回归线·蜕：竹青色 140 g

工具

棒针 4.5 mm

成品尺寸

衣长 57 cm、胸围 112 cm

编织密度

10 cm × 10 cm 面积内：
花样编织 A、B 25 针，24.5 行

编织要点

手指起针法起针，环形编织花样 A、花样 B
至指定行数后分片编织。前、后身片详见参照
图示。前、后身片肩部做盖针接合。最后整理
织物。

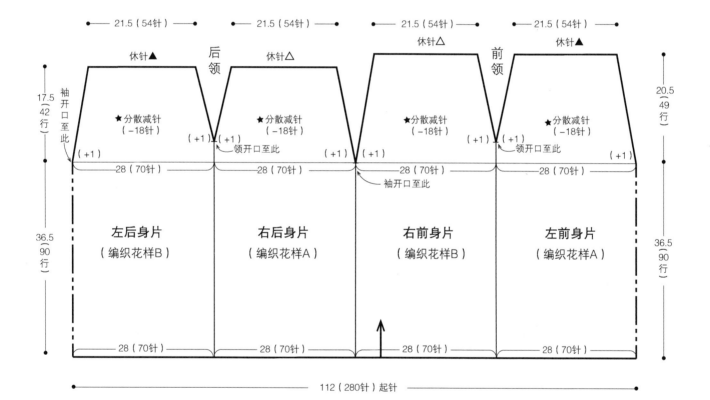

※ ★处按前、后身片的图示做分散减针

　前、后身片均使用4.5mm棒针编织

※ ▲ 与 ▲，△ 与 △ 作肩部盖针接合

编织花样A及分散减针

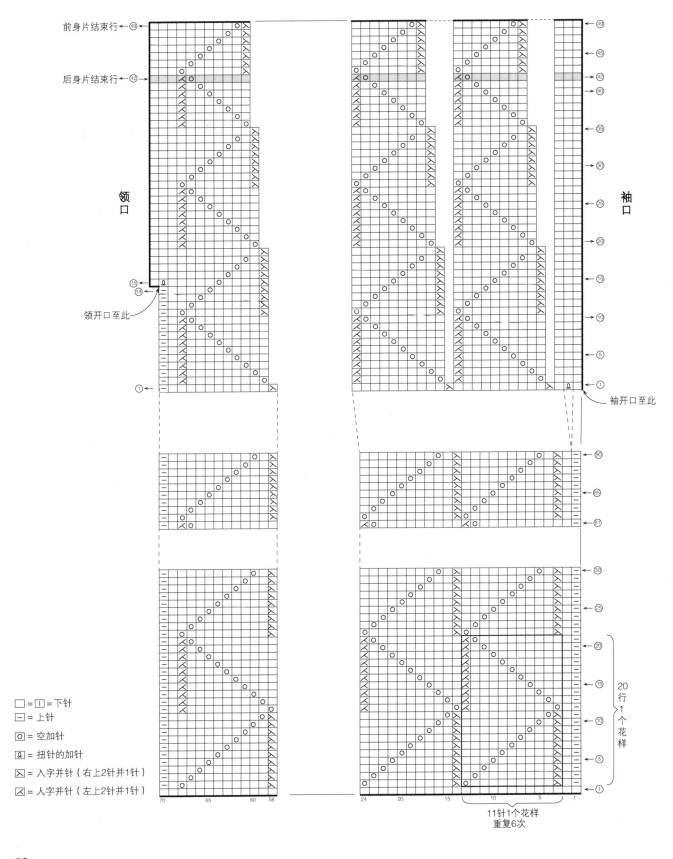

领口

袖口

前身片结束行←㊾

后身片结束行←㊷

领开口至此

袖开口至此

□ = ① = 下针
─ = 上针
⊙ = 空加针
⍵ = 扭针的加针
⊠ = 人字并针（右上2针并1针）
⊠ = 人字并针（左上2针并1针）

20行1个花样

70 65 60 58

24 20 15 10 5 1

11针1个花样
重复6次

编织花样B及分散减针

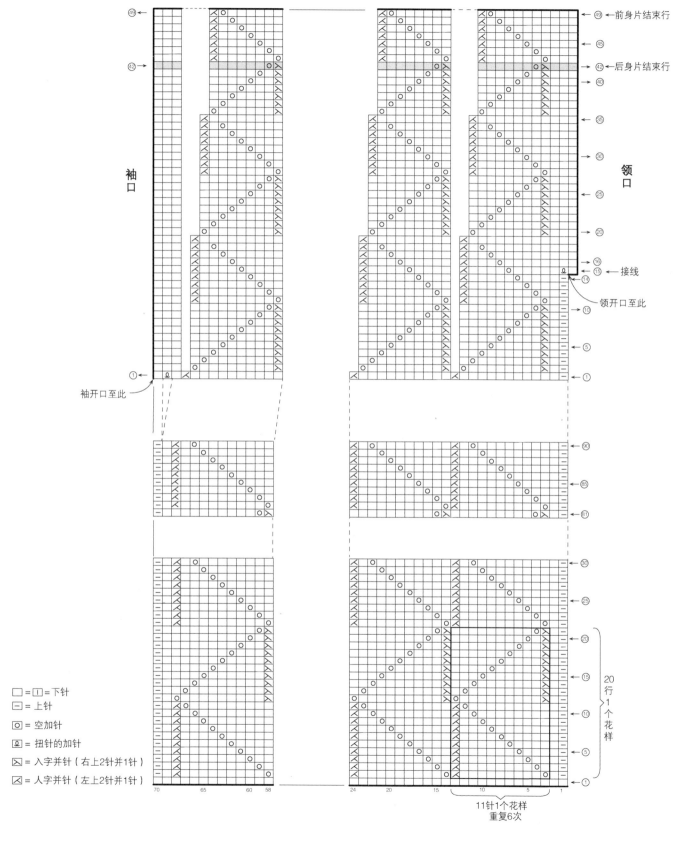

袖口

领口

← ㊾ ←前身片结束行
← ㊺
㊷→ ㊷ ←后身片结束行
→ ㊵
→ ㉟
→ ㉚
→ ㉕
→ ⑳
→ ⑯
→ ⑮ ←接线
→ ⑭
领开口至此
→ ⑩
← ⑤
← ①

袖开口至此→

← ㊾
← ㊺
← ㊶

← ㉚
← ㉕
→ ⑳
→ ⑮
→ ⑩
← ⑤
← ①

20行1个花样

□ = ① = 下针
— = 上针
○ = 空加针
Ϙ = 扭针的加针
⤬ = 人字并针（右上2针并1针）
⤫ = 人字并针（左上2针并1针）

70   65   60 58

24 20   15   10   5   1

11针1个花样
重复6次

53

03　真丝马海毛花叉花朵长袖衫

材料

回归线·锦瑟：山竹色 110 g

工具

棒针 4.0 mm，钩针 2.0 mm

2 cm 花叉编织器 1 个

成品尺寸

胸围 100 cm、衣长 50.5 cm、袖长 37.5 cm

编织密度

10 cm × 10 cm 面积内：

双股马海毛下针编织　20 针，30 行

单股马海毛下针编织　22 针，31 行

编织要点

- 前、后身片用双股锦瑟线另线起针 208 针，环形编织 42 行下针，两侧腋下各休针 6 针，接着分片往返编织育克 A 部分，休针。
- 衣袖用单股锦瑟线另线起针 74 针，挑取中间的 62 针，（左右各留 6 针），编织衣袖 A 部分，休针。将衣袖 A 与育克 A 作行对行挑针缝合。挑取衣袖 A 及育克 A 的针数共 192 针，往上环形编织育克 B 部分，注意：领口收针时，领口两侧同时减针。衣领编织详见图示和说明。衣袖拆除另线起针往下编织完成衣袖 B 部分。
- 衣袖 C 部分先单独做 12 个花叉花朵，再按图三用钩针将花片连接起来。
- 花叉花朵详见 46 页。

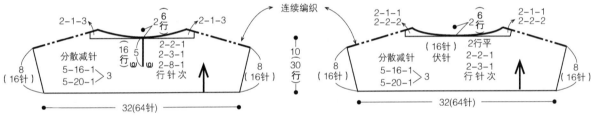

※育克 A 与衣袖缝合后，前、后身片各余 64 针，左、右衣袖各余 32 针，共 192 针（育克 B）。育克 B 先按分散减针的规则从 192 针减至 84 针，然后开始领口减针，在领口减针的同时沿肩线左右两侧分别减针，后领口两侧按 2-1-3 减针，前领口两侧按 2-2-2，2-1-1 的规则减针

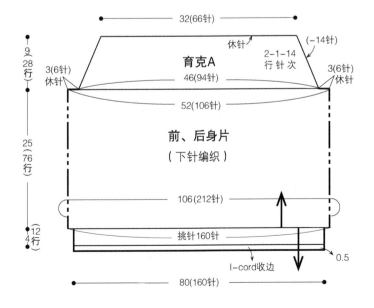

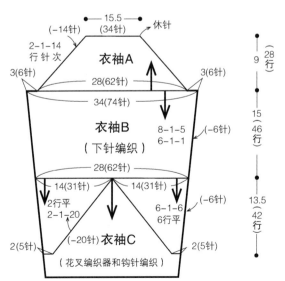

衣领

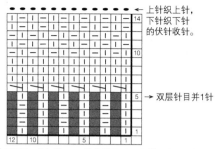

纽扣　扣眼

$\overset{8}{\overset{(3行)}{}}$
$\overset{4}{\overset{(1行)}{}}$

I-cord收边

※ 衣领先从正面挑取76针，织3行单罗纹，休针，用环形针穿起备用。
再在领子的反面挑起76针，这76针是从正面挑针后形成的上针针目处
挑起的，同样编织3行单罗纹。将挑起的双层针目，一一对应做2针并
成1针，形成单层木耳边的开始，参见衣领（边缘编织），完成领子

衣领（边缘编织）

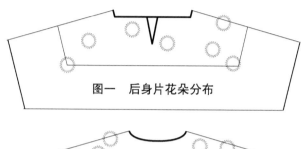

→ 上针织上针，
下针织下针
的伏针收针。

→ 双层针目并1针

=左加针　=没有针目　I=下针　—=上针

图一　后身片花朵分布

图二　前身片花朵分布

下摆边缘编织（3针I-Cord收针）

※ 3针I-Cord收针：第1针织1针下针后挂回左
棒针上，再重复2次（即加了3针），接着织2
针下针，第3针和第4针从后面线圈织1针2并1
的下针（即收了1针），把右棒针上的这3针套
回左棒针上，重复刚才的收针，直至收针完毕

图三　袖口花片连接图

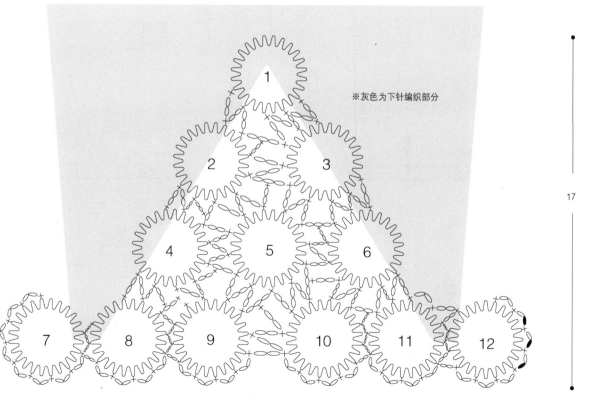

※灰色为下针编织部分

1
2　3
4　5　6
7　8　9　10　11　12

17

※12号花片需与7号花片作钩针引拔连接

55

04 白色亚麻花叉花朵半裙

材料

回归线·丝语：茶白色 380 g
回归线·锦瑟：芝士色 20 g
3 cm 宽 72 cm 长松紧带 1 条
1.5 mm 米珠若干

工具

棒针 3.25 mm，钩针 2.0 mm
2 cm 花叉编织器 1 个

成品尺寸

腰围 68 cm，裙长 61.5 cm

编织密度

10 cm × 10 cm 面积内：下针编织 26 针，34 行

编织要点

- 裙片：用双股丝语线编织，手指起针法起针。按图示做加针、减针。前、后裙片编织完成后，做行对行的挑针缝合。
- 腰头：从裙子主体挑取 182 针做环形编织，编织 20 行后，向内对折，装入松紧带，将腰头与裙子主体做卷针缝缝合。
- 花片：用 1 股丝语线和 1 股锦瑟线用 2 cm 的花叉编织器做 24 朵花，按指定位置缝在裙片上。
- 裙摆缝上米珠作点缀，注意不要太密。

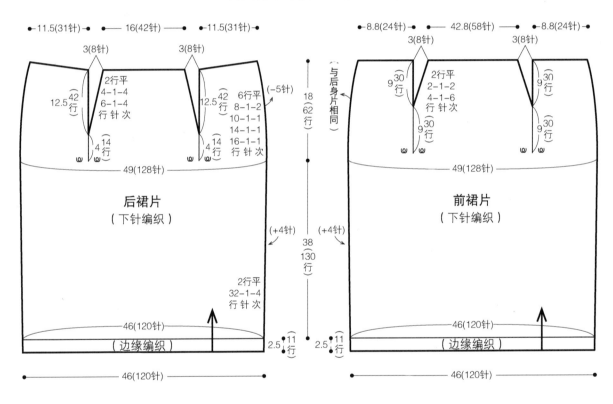

ω = 卷针的加针

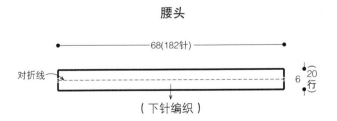

腰头

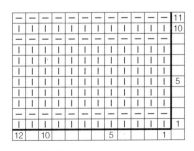

边缘编织

□ = 下针　— = 上针

后裙片花朵分布图

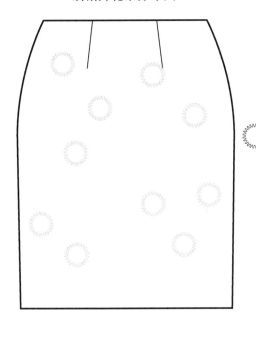

前裙片花朵分布图

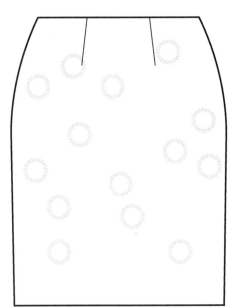

2cm花叉编织器，2.0mm钩针，茶白色线1股、锦瑟芝士色线1股，钩双向24组(左右各1个环为1组)花环成1朵花。花叉花朵做法详见教程页(第46页)。

作品23 花朵刺绣的制作图解

找到需要刺绣的中心点，从背面向正面出针。左手固定，右手把线拉出。

右手持针在末端拉起的线上逆时针绕两圈。

左手拉紧线，右手将手缝针穿入中心点。

从背面拉出线，完成绕2圈的结粒绣。

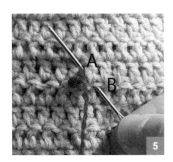

A点出针后，再从B点入针，A点出针。

左手固定好针末端，右手将线在针上顺时针绕线8圈。

左手压住绕好的线圈，右手将针拔出。

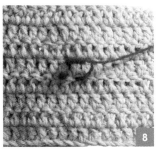

针拔出后，如图。

（下接第122页）

05 羊绒花叉花朵多用披肩

材料

回归线·念暖：月雾灰色 130 g
回归线·锦瑟：浅花灰色 80 g

工具

棒针 3.5 mm、3.0 mm
钩针 2.0 mm，2 cm 花叉编织器

成品尺寸

宽 53 cm，长 156 cm

编织密度

10 cm × 10 cm 面积内：
下针编织 22 针，32 行

编织要点

● 主体另线起针 120 针，披肩两侧边各织 8 针罗纹针，中间全做下针编织，详见主体花样。编织完主体花样，减针至 98 针，再编织空心针。另一端拆除另线起针，减针至 98 针，编织空心针。

● 用花叉编织器做三种配色的花片。连网用 1 股锦瑟线和 1 股念暖线，2.0 mm 钩针，注意部分花朵与主体用缝合的方法，详见 59 页。

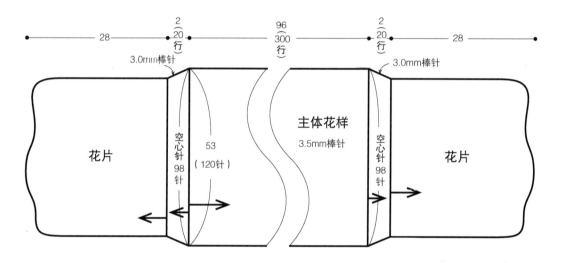

主体花样

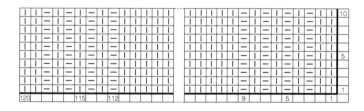

空心针

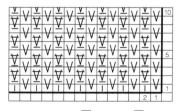

□=下针　━=上针　∨=滑针　∀=浮针（上针）

花片分布图

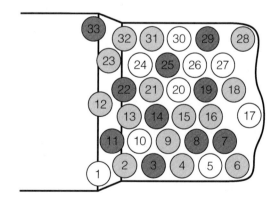

花片33最后覆盖缝合
在灰色方框部分之上

花片1最后覆盖缝合
在灰色方框部分之上

花片、连网、边缘编织

○ 锦氲・浅花灰色2股

○ 锦氲・浅花灰色1股＋念暖・月雾灰色1股

● 念暖・月雾灰色2股

※花片均使用2cm花叉编织器、2.0mm钩针，
用指定线材钩双向24组(左右各1个环为1组)
花环成1朵花，详见教程页（第46页）

※花片1、2、11、12、22、23、32、33错落压
缝在披肩主体上

06 藕玉色真丝圆领短袖衫

材料
回归线·絮白：藕玉色 275 g

工具
棒针 2.75 mm、2.5 mm

成品尺寸
胸围 94 cm，衣长 50 cm，连肩袖长 21.5 cm

编织密度
10 cm × 10 cm 面积内：
下针编织 32 针，39 行

编织要点
- 育克部分采用横向圆弧编织，花样 A 和花样 B 交替编织，注意花样 B 有引返编织。用另线锁针起 53 针，花样编织参见图一、图二。育克编织在正面行结束，休针，不断线，余线挑织领子用。起针行拆除另线，与结束行做针对针的无痕缝合。挑针织育克外圈，共挑 420 针，之后再织 2 圈，育克结束。
- 分出身片与袖子，身片 130 针、袖子 80 针，前、后身片编织落差。腋下另线锁针起针，两侧各 20 针，环形编织身片至所需长度。袖子挑起 110 针，领子换 2.5 mm 棒针挑 192 针，均编织扭针的单罗纹。

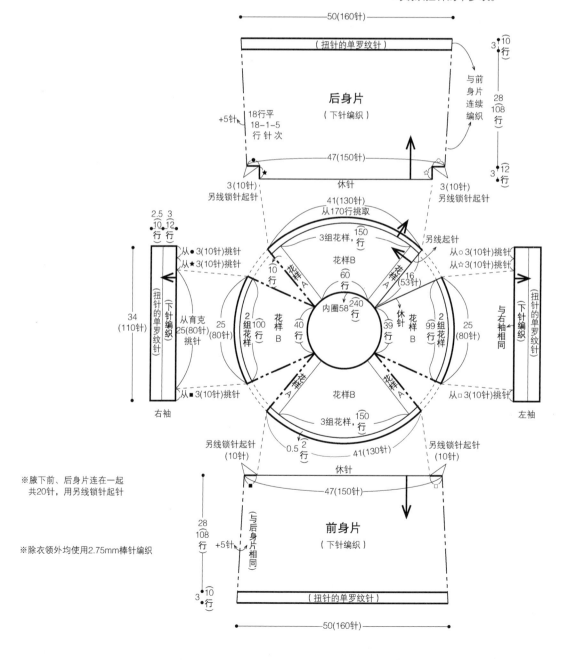

※腋下前、后身片连在一起
共20针，用另线锁针起针

※除衣领外均使用2.75mm棒针编织

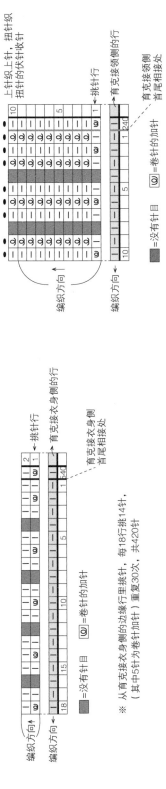

扭针单罗纹（衣领）

编织方向

上针织上针，扭针织扭针
扭针的伏针收针

→挑针行

← 育克接领侧的行

编织方向

= 没有针目　　回＝卷针的加针

育克接领侧
首尾相接处

→育克接领侧的加针

※领子从育克接领侧的行里挑针，每10行挑8针，
（其中3针为卷针加针）重复24次，共192针

育克接衣身侧边缘挑针

编织方向

→挑针行

育克接衣身侧的行

编织方向

育克接衣身侧
首尾相接处

= 没有针目　　回＝卷针的加针

※ 从育克接衣身侧的边缘行里挑针，每18行挑14针，
（其中5针为卷针加针）重复30次，共420针

衣领

（扭针单罗纹）2.5mm棒针

内圈240行处
（192针挑针）

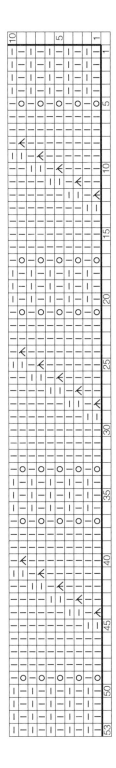

图一　编织花样A（育克部分）

61

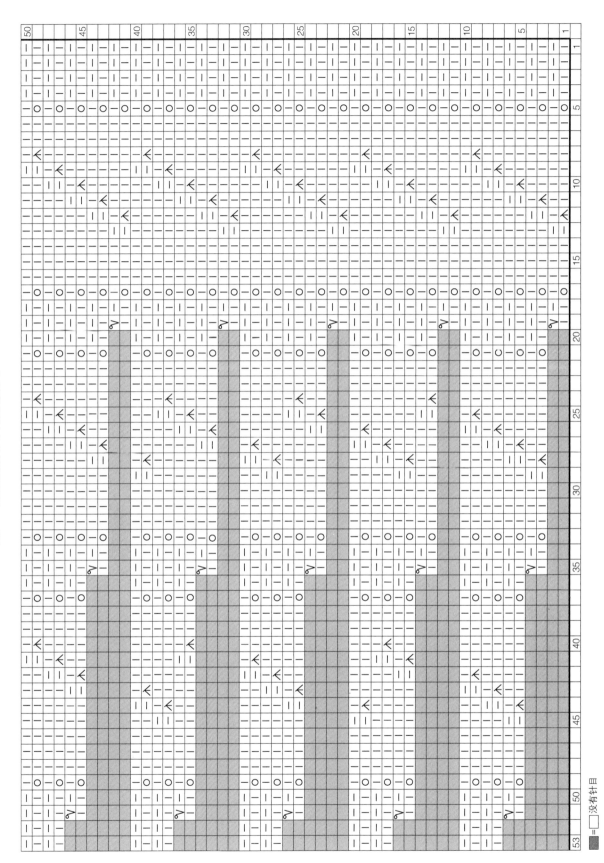

图二 编织花样B（育克部分）

=□没有针目

=■没有针目

07 藤黄色亚麻前后差套头衫

材料

回归线·素安：藤黄色 295 g

直径 1.5 cm 扣子 4 颗

工具

棒针 2.75 mm、3.0 mm

钩针 2.25 mm

成品尺寸

胸围 122 cm，衣长 51.5 cm

编织密度

10 cm × 10 cm 面积内：

编织花样 A 30 针，33 行　编织花样 B 33 针，29 行

编织要点

● 身片编织花样 A 用另线锁针起针，编织完成后两侧分别挑针编织花样 B 部分，伏针收针。

● 从开叉止位到袖口止位的胁部位置，用钩针做引拔接合。胁边下方开叉处，用钩针钩 1 行引拔针作修饰，并钉上包扣。肩部做行对行的缝合。

● 身片编织完成后，编织花样 A 拆取另线起针，挑取 83 针，编织花样 B 各挑 61 针，往下编织扭针的单罗纹针。

● 衣领、袖口分别挑取指定针目编织扭针的单罗纹针。

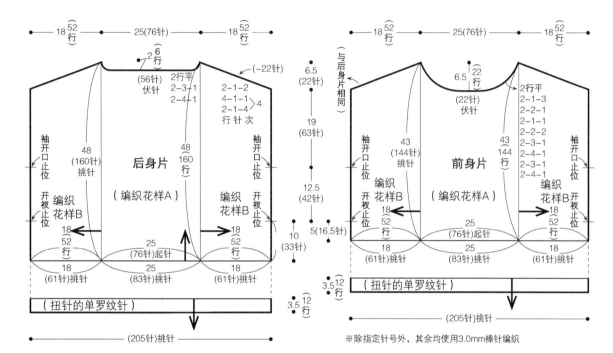

※除指定针号外，其余均使用3.0mm棒针编织

扭针的单罗纹针（下摆）

← 下针织下针，扭针织扭针，上针织上针的伏针收针

□ = 下针　− = 上针　Ω = 扭针

扭针的单罗纹针（衣领、袖口，2.75mm棒针编织）

← 扭针织扭针，上针织上针的伏针收针

衣领（扭针单罗纹针）

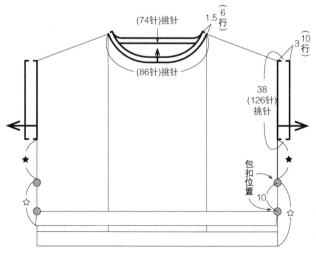

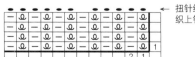

★ 胁部两侧伏针收针后，用钩针挑取两侧各半针针目做引拔接合

☆ 前、后身片开叉处用钩针钩1圈引拔针作修饰

编织花样A

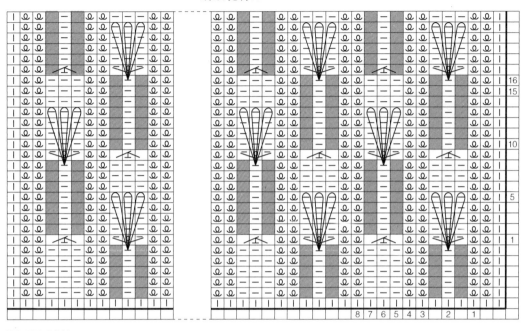

■ = □ 没有针目

编织花样B

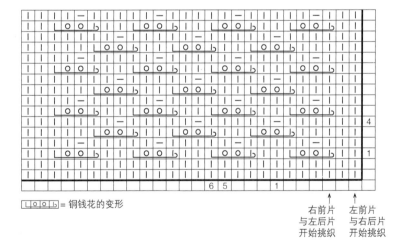

└○○┘ = 铜钱花的变形

右前片
与左后片
开始挑织

左前片
与右后片
开始挑织

包扣

下针

(9行)

2
(8针)

※包扣用手指起针法，2.75mm棒针编织，织完9行后不收针，留出20 cm的线头，用缝衣针把四边缝起来，放入纽扣后收紧织片，固定后缝到衣身的指定位置

08 白羽色真丝无袖衫

材料

回归线·絮白：白羽色 450 g

工具

钩针 2.0 mm

成品尺寸

胸围 96 cm，衣长 53 cm

编织密度

10 cm × 10 cm 面积内：

编织花样　37 针，19 行

编织要点

● 钩织锁针起针，然后按编织花样钩织，参照图示减针。肩部钩织引拔针接合。胁部钩织引拔针和锁针接合。

● 下摆、领口和袖口分别挑取指定针数后，环形钩织边缘编织。

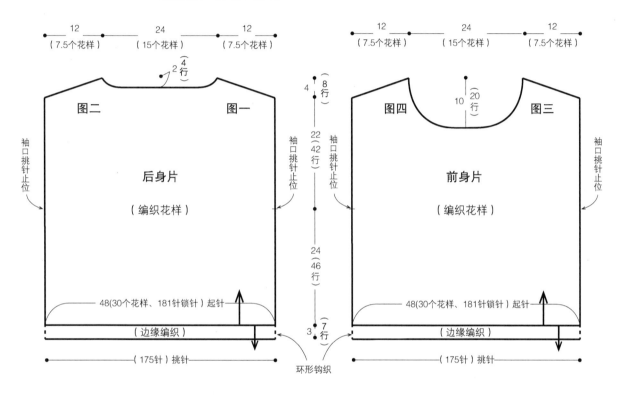

编织花样

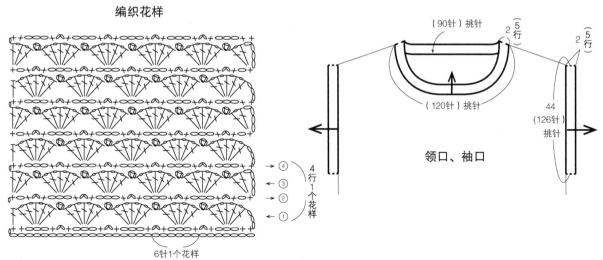

6针1个花样

领口、袖口

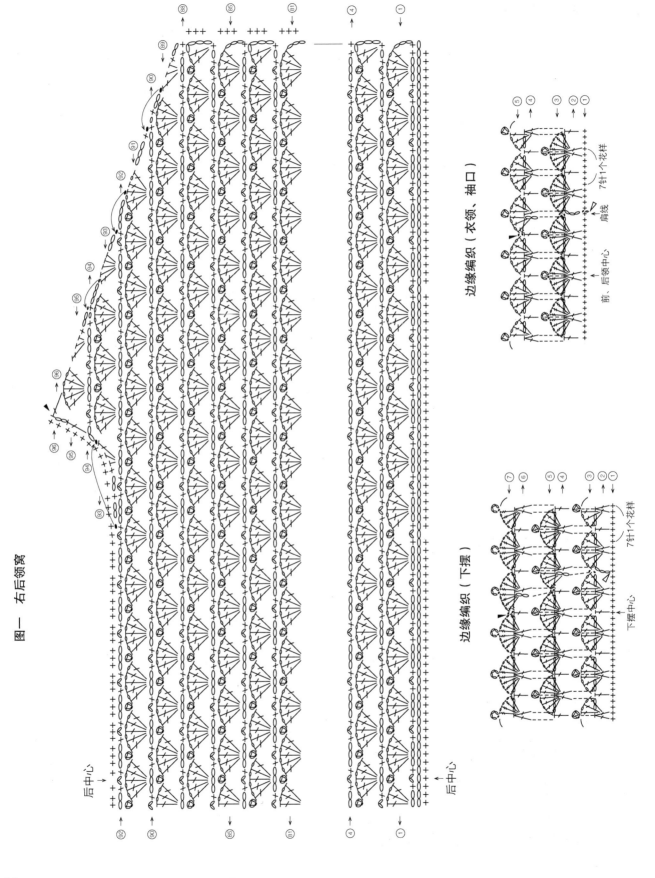

图一 右后领窝

边缘编织（衣领、袖口）

前、后领中心

肩线

7针1个花样

边缘编织（下摆）

下摆中心

7针1个花样

后中心

图二　左后领窝

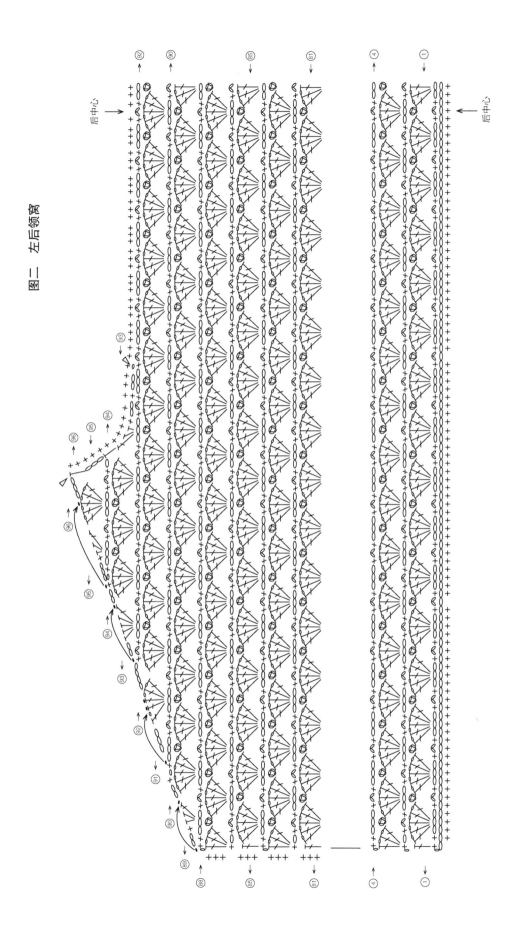

后中心

67

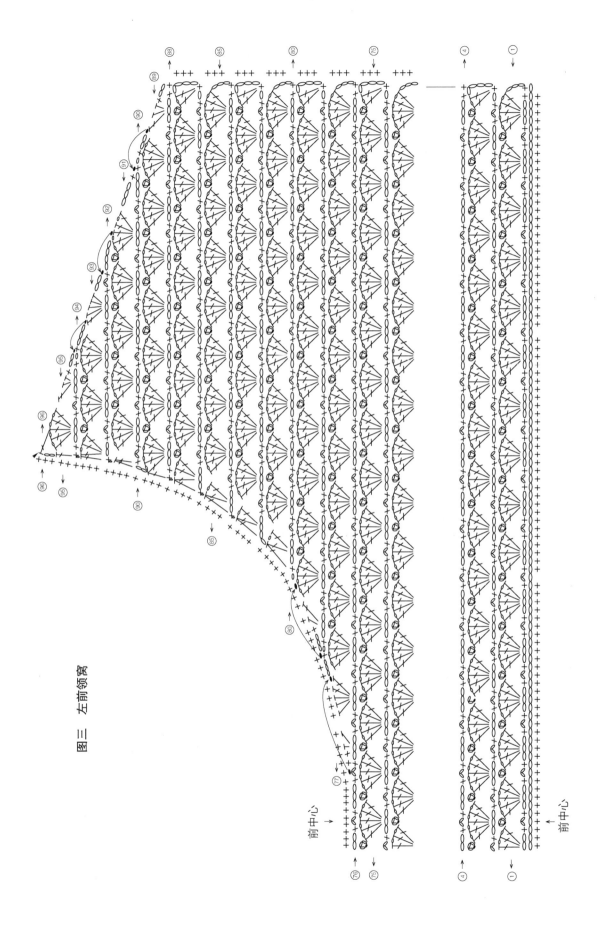

图三　左前领窝

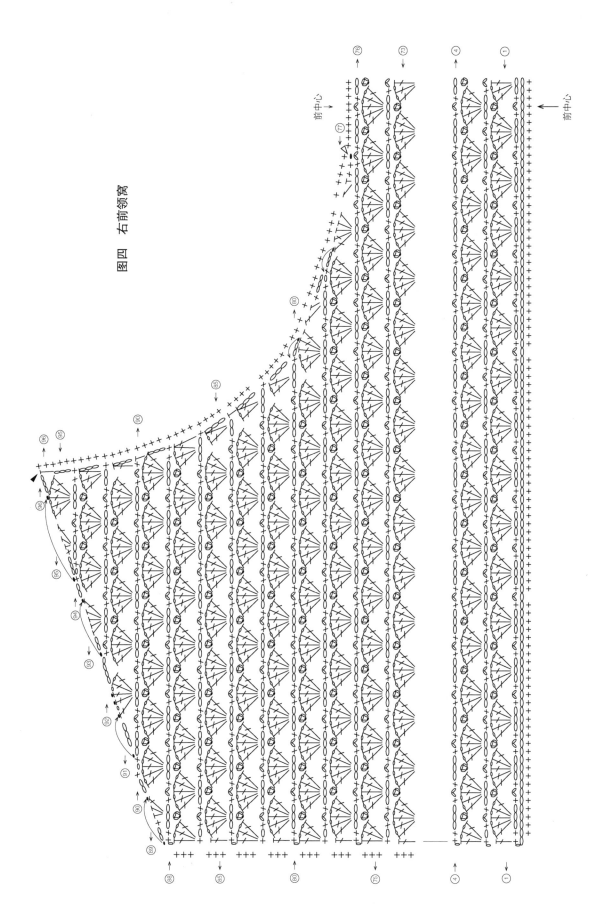

图四 右前领窝

09 三角形山水披肩

材料

回归线·蜕：葡萄紫色 70 g

工具

棒针 4.0 mm

成品尺寸

宽 96 cm，长 143 cm

编织密度

10 cm × 10 cm 面积内：
编织花样 23 针，29 行

编织要点

手指起针 6 针，编织 6 针下针的 I-Cord 织 15 行，按着图解编织。最后 3 针下针的 I-Cord 收针边织 I-Cord 边与第 4 部分结束行做并针，最后收针至剩下 6 针时，编织 6 针下针的 I-Cord 织 15 行，伏针收针。

编织花样

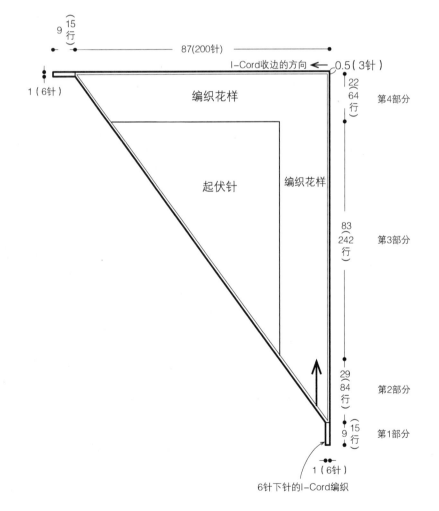

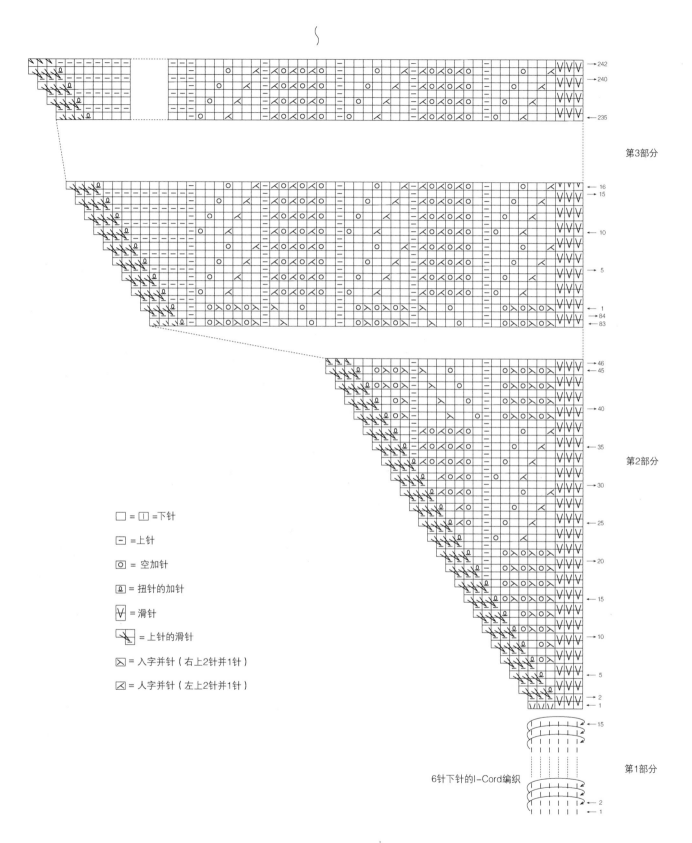

第3部分

第2部分

□ = □ =下针

− =上针

◎ = 空加针

Ｑ = 扭针的加针

V = 滑针

= 上针的滑针

⊠ = 入字并针（右上2针并1针）

⊠ = 人字并针（左上2针并1针）

6针下针的I-Cord编织

第1部分

71

第4部分

I-Cord收针的3针和边针3针
组成6针下针的I-Cord编织

※ ㅜ = ⊠ I-Cord近主体侧1针与主体做并针 ※

3针下针的I-Cord收针

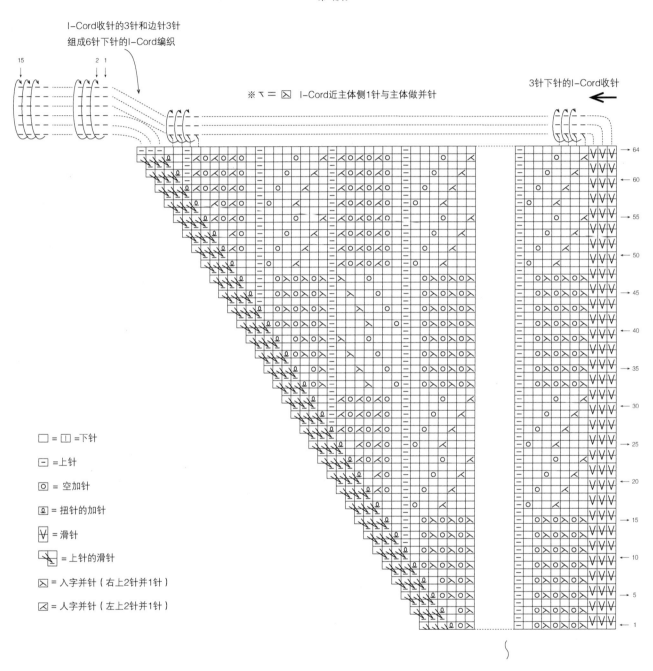

□ = Ⅱ =下针

− =上针

○ = 空加针

♉ = 扭针的加针

Ⅳ = 滑针

✎ = 上针的滑针

⊠ = 人字并针（右上2针并1针）

⊠ = 人字并针（左上2针并1针）

10　V领流苏段染背心裙

材料

回归线·慕颜：晨蓝色 55 g、云海色 74 g

工具

棒针 5.5 mm

成品尺寸

胸围 96 cm、衣长 97 cm

编织密度

10 cm×10 cm 面积内：
下针编织 16 针，22 行

编织要点

● 除流苏外全部用云海色加晨蓝色合股编织。手指起针，做环形编织。按图示编织方向先织 4 行起伏针，裙摆和胁部用做下针的环形编织。袖窿、领窝参照图示编织。后身片编织到终点，休针。前身片肩带织 20 行双罗纹针后休针。前、后身片休针的针目做下针的无缝缝合。

● 流苏用云海色，三股线对折后系在针目里，参照图示流苏的系法。

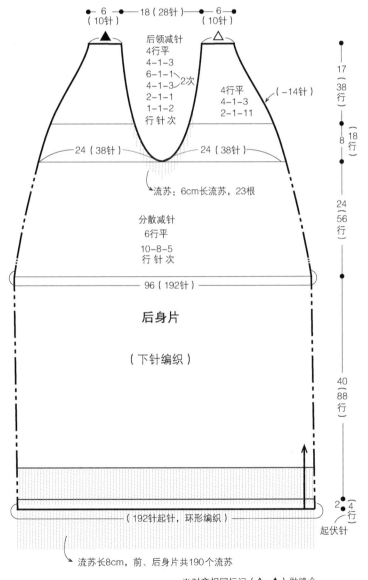

起伏针

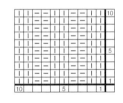

双罗纹针

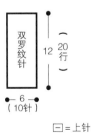

肩带

□ = 上针
Ⅰ = 下针

※对齐相同标记（△ ▲）做缝合

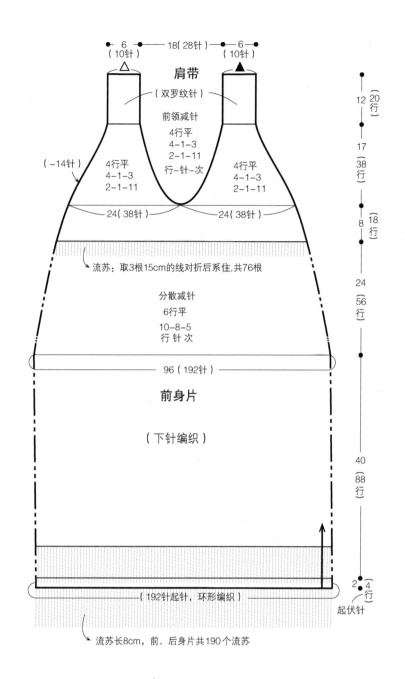

6
（10针） — 18(28针) — 6
（10针）

肩带

(双罗纹针)

前领减针
4行平
4-1-3
2-1-11
行－针－次

（ -14针 ） 4行平
4-1-3
2-1-11

4行平
4-1-3
2-1-11

24(38针) 24(38针)

流苏：取3根15cm的线对折后系住,共76根

分散减针
6行平
10-8-5
行 针 次

96（ 192针 ）

前身片

（下针编织）

（ 192针起针，环形编织 ）

流苏长8cm，前、后身片共190个流苏

12（20行）

17（38行）

8（18行）

24（56行）

40（88行）

2（4行）
起伏针

流苏的系法

11 桂花色长袖毛衣

材料

回归线·蜕：芝士色 120 g、鹅黄色 110 g

工具

棒针 3.25 mm

成品尺寸

衣长 51.5 cm，胸围 96 cm，连肩袖长 65.5 cm

编织密度

10 cm × 10 cm 面积内：下针编织 25 针，29 行

编织要点

● 衣领手指起针，环形编织，参照图示分散加针编织育克。后身片多编织 4 行往返编织的下针，形成前、后身片的长短差。两侧腋下各另线锁针起 8 针，与育克处挑起的前、后身片针数共 220 针，环形编织，编织花样参照图示，编织终点做伏针收针。

● 衣袖解开育克的休针与腋下的另线锁针一起挑取指定针目，参照图示花样编织。一次性从 80 针减至 40 针，编织袖口，结尾用双辫子收针法收针。

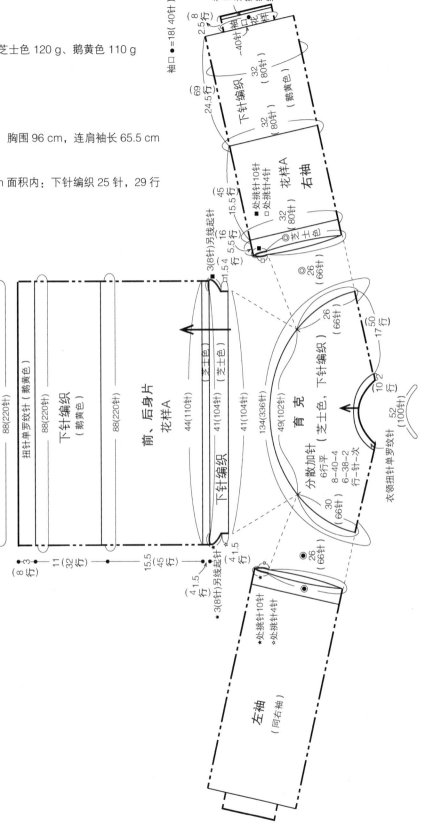

图　花样A

扭针的单罗纹针（下摆）　　←伏针收针

扭针的单罗纹针（领口）

扭针的单罗纹针（袖口）

□ = □ 下针
— = 上针
Ω = 扭针

□=芝士色　▨=鹅黄色

10针1个花样

袖口双辫子收针教程

 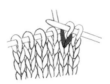  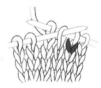 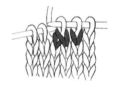

1. 将右棒针插入左棒针的第1针针目中。

2. 挂线后从这1针目中拉出。

3. 编织完成1针下针。

4. 将左棒针上的第1针移到右棒针上后将右棒针插入左棒针的第1针。

5. 挂线后从这1针目中拉出。

6. 将步骤4移动的针目挑起，覆盖在刚刚织好的针目上面。

7. 将右棒针上编织完成的2针移到左棒针。

8. 重复步骤1~7，完成第一针双辫子收针，继续重复步骤1~7，持续收针。

9. 继续重复步骤1~7，到剩余最后2针。

10. 用左棒针将右棒针上的第2针覆盖在第1针上。

11. 完成1针伏针的收针。

12. 将线穿过最后的针目，拉紧。

12 海浪多色家居毯

材料

lifeyarn·团团：中世纪蓝色、海军蓝色、琉璃色、烟灰蓝色、晴空蓝色、霜灰色、梦幻岛色、水蓝色、芦荟色、黄鸢尾色、云粉色、缪斯粉色各45 g，冰蓝色90 g，芝士色70 g
甜彩：烟灰蓝色、白色各22 g

工具

钩针 3.5 mm

成品尺寸

长 86 cm，宽 94 cm

编织密度

10 cm×10 cm 面积内：编织花样 20 针，11 行

编织要点

● 毯子主体用单股线钩织，按图示配色排列做往返钩织。

● 完成主体后，用团团的芝士色 1 股和甜彩的烟灰蓝色、白色各 1 股，共 3 股环形钩织边缘编织。边缘的挑针规律：横向原针目 3 针对应钩 2 针，纵向每行对应 2 针。

● 编织完成后，做熨烫整理。

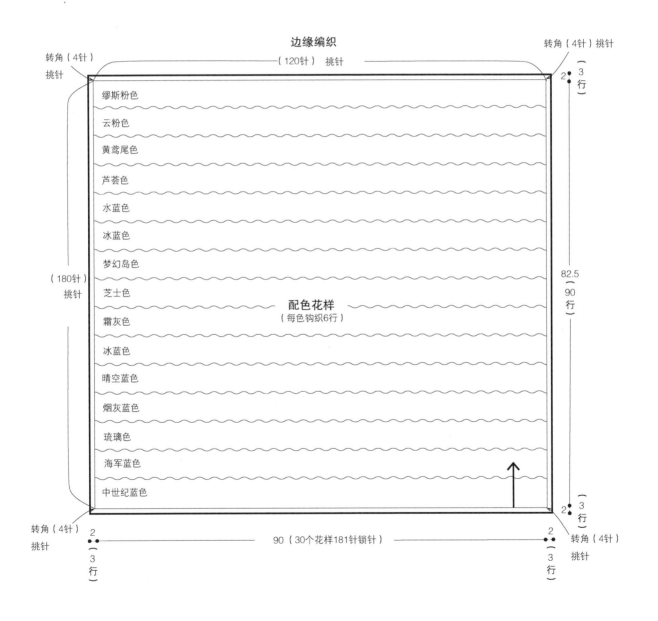

边缘编织

转角（4针）挑针 — （120针）挑针 — 转角（4针）挑针

缪斯粉色
云粉色
黄鸢尾色
芦荟色
水蓝色
冰蓝色
梦幻岛色
芝士色

（180针）挑针

配色花样
（每色钩织6行）

霜灰色
冰蓝色
晴空蓝色
烟灰蓝色
琉璃色
海军蓝色
中世纪蓝色

82.5（90行）

2 · 3 行

转角（4针）挑针

2 · 3 行

90（30个花样181针锁针）

转角（4针）挑针

2 · 3 行

编织花样

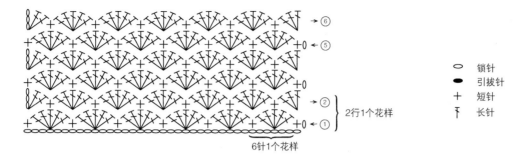

→ ⑥
← ⑤ 0
← ④ 0
→ ③
→ ② ⎫
← ① 0 ⎬ 2行1个花样
⎭

6针1个花样

○ 锁针
● 引拔针
+ 短针
┬ 长针

边缘编织

← ③
← ②
← ①

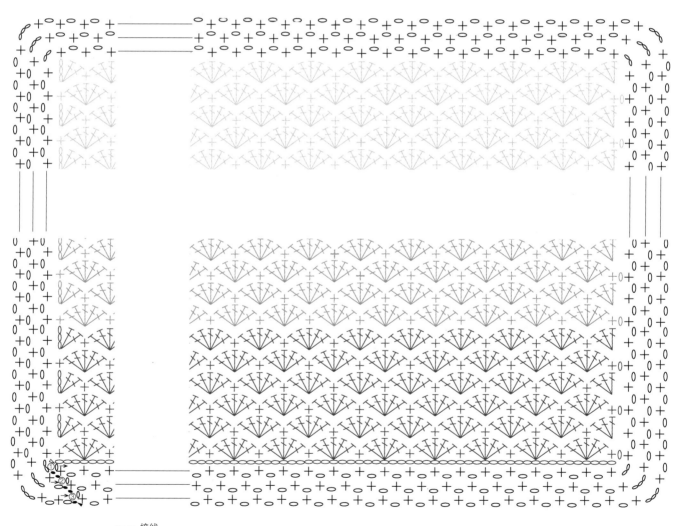

▷ = 接线
► = 断线

13 蝴蝶飘带背心

材料

回归线·佳音：燕麦色 150 g

工具

棒针 2.5 mm、3.0 mm、4.0 mm，
钩针 2.5 mm、3.5 mm

成品尺寸

衣长 52.5 cm，胸围 80 cm，肩宽 29 cm

编织密度

10 cm×10 cm 面积内：下针编织 27 针，32 行

编织要点

- 另线起针法起针。先分别编织前、后身片的育克部分。按图示进行袖窿和领口的减针。肩部做盖针接合。
- 拆除另线，挑起前、后身片的所有针目，在指定位置绕线加针至所需针目并加入花样做环形编织。胁部下摆按照图示编织装饰带，其余针目做伏针收针。身片下摆编织扭针双罗纹针。
- 编织结束用弹性收针法收针。袖口和领口用钩针钩 1 圈引拔针。

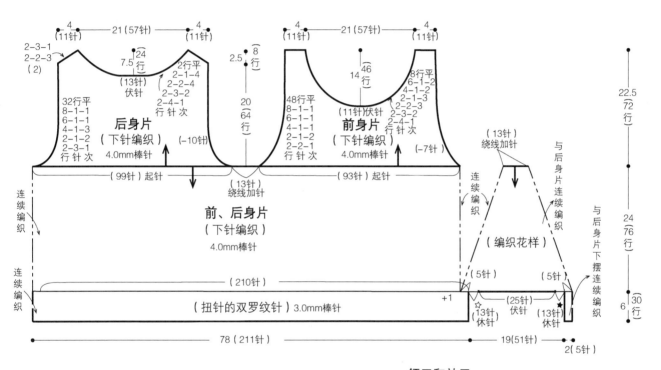

扭针的双罗纹针

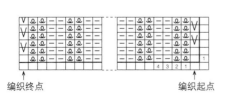

编织终点   编织起点

领口和袖口

在领口第1针（行）与第2针（行）之间用3.5mm钩针钩织1圈引拔针，作为衣领的边缘编织

在袖口第1针（行）与第2针（行）之间用2.5mm钩针钩织1圈引拔针，作为袖口的边缘编织

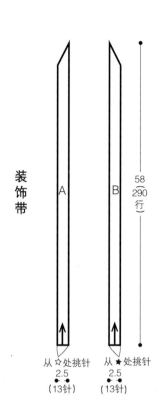

装饰带

A

B

58
(290
行)

从 ☆ 处挑针
2.5
(13针)

从 ★ 处挑针
2.5
(13针)

装饰带的织法

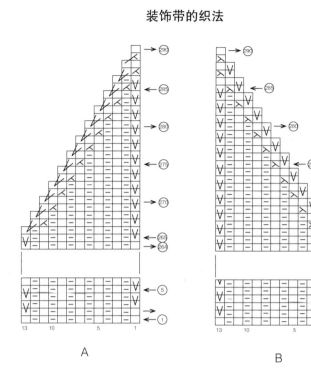

A

B

编织花样

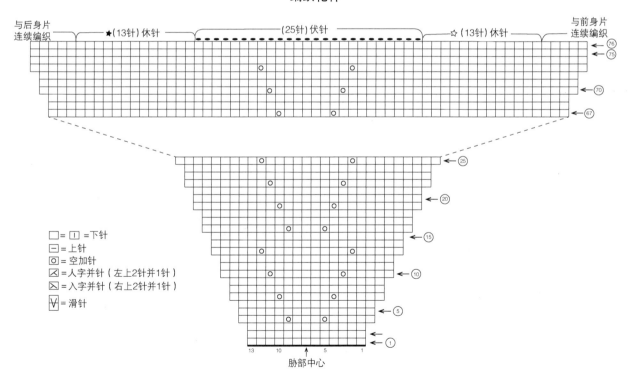

与后身片
连续编织

★ (13针) 休针

(25针) 伏针

☆ (13针) 休针

与前身片
连续编织

□ = ① = 下针
− = 上针
○ = 空加针
✕ = 人字并针（左上2针并1针）
✕ = 入字并针（右上2针并1针）
Ⅴ = 滑针

胁部中心

14　棉草圈圈手提包

材料

回归线·夏至：红砂岩色 80 g、
15 cm 半圆手挽口金 1 对
素麻布 27 cm×59 cm
直径 2 cm 塑料圈 196 枚

工具

钩针 3.0 mm

成品尺寸

包身平铺宽 25 cm，高 26 cm

编织要点

● 包身从上往下编织，每排串联 20 枚塑料圈，参照图中号码的顺序编织连接。每排完成是从第 1 个圈到最后一个圈再返回到第 1 个圈，每排结束后的第 1 个圈都只完成了一半，直到 8 排圈钩织完毕。开始第 9 排的编织，注意这一排从 180 号返回到 162 号便停止了，按照图示随后连接 181 号圈，开始钩织包底部分（参照图灰色部分）。包底共有 2 排塑料圈，每排 8 个。最后完成 189 号圈后，继续编织完之前每排第一个圈的另外一半，同时对应连接每排的最后一个圈。
● 主体完成后，用短针将口金横杆与包身连接在一起，最后钩反短针作装饰。

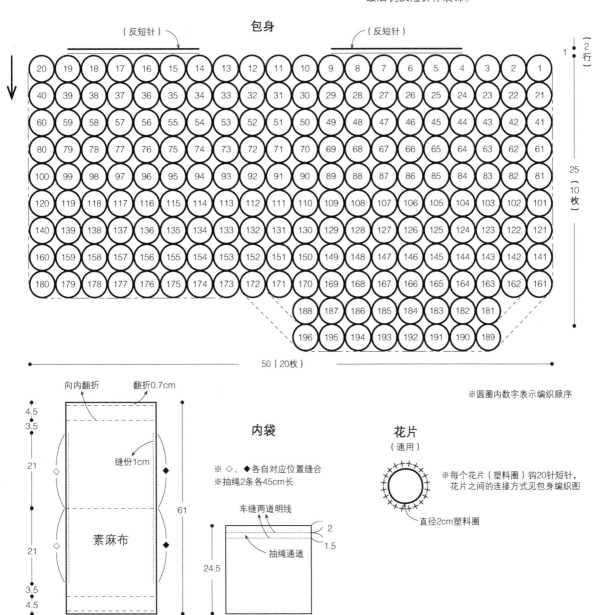

包身

（反短针）　　　（反短针）

1（2行）

25（10枚）

50（20枚）

向内翻折　翻折0.7cm

4.5
3.5
21
缝份1cm
21
素麻布
3.5
4.5
27
61

内袋

※ ◇、◆各自对应位置缝合
※抽绳2条各45cm长

车缝两道明线
抽绳通道
2
1.5
24.5
24.5

花片
（通用）

※每个花片（塑料圈）钩20针短针，
花片之间的连接方式见包身编织图

直径2cm塑料圈

※圆圈内数字表示编织顺序

81

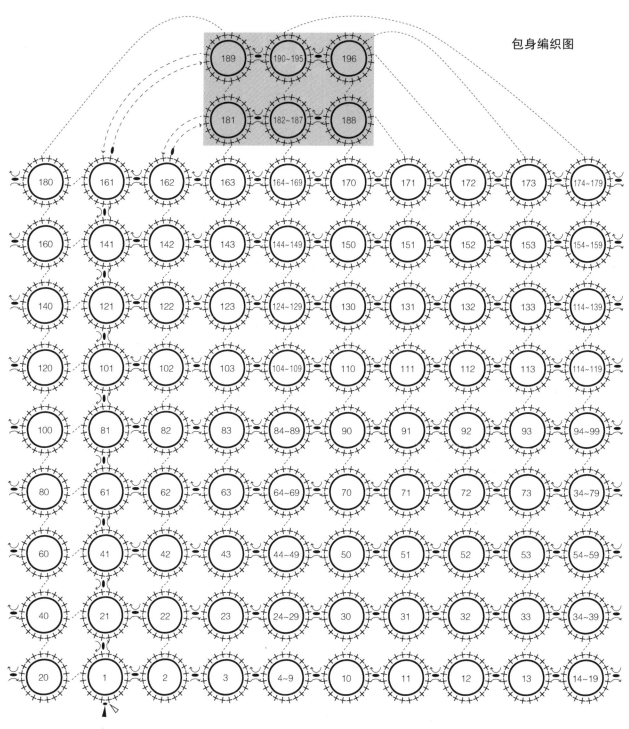

包身编织图

◁=编织起始位置　 =编织结束位置
※除注明针号外均用3mm钩针编织
※圆圈内数字表示编织顺序，41~160的编织重复
　21~40的图解
※在连接花片的位置，将钩针取下插入连接侧的短针
　中，从取下钩针的针目引拔出，然后钩织1针短针

〇=直径2cm塑料圈　　▨=包底部分

连接口金　※注意口金横杆不要拆卸下来编织

口金横杆

9/19　8/18　7/17　6/16　5/15　4/14

15　小猫耳零钱包（圆形）
16　小猫耳零钱包（长方形）

材料

回归线·夏至：珊瑚橙色、红砂岩色、
水墨色、宣石色各 30 g
14 mm 铆钉磁扣（超薄款）

工具

钩针 3.0 mm、磁扣安装工具

成品尺寸

宽 12.5 cm，高 11 cm

编织密度

10 cm×10 cm 面积内：
短针编织 22 针，22 行

编织要点

- 包身主体锁针起针，按照图解编织所需的针数和行数。（长方形主体 1 片，圆形主体为 2 片）
- 长方形：主体编织完成后，钩 1 圈引拔针锁边，断线。织片折叠，用毛线缝针做卷针缝缝合两侧，缝合注意事项详完成方式图。
- 圆形：2 片主体钩织完成后，主体 2 不断线，钩引拔针将主体 1 和主体 2 引拔缝合，缝合位置参见图示，然后做主体 1 包盖部分的引拔锁边。
- 最后按照图示位置，安装铆钉磁扣。根据需求钩织耳仔，按图示缝合耳仔。

长方形主体
（短针）

安装铆钉磁扣
（2行）
（7行）
起 27 针 13 针
23.5
（13行）
12.5（25针）

完成方式

卷针缝合
（18针）

※13行短针之后钩 1 圈引拔针（14行），然后断线，再用缝合针做卷针缝合
※注意卷针缝合包裹13行短针的针目辫子，不包括14行引拔针

行	针数	增加针目
1	35	
2	42	7
3	53	11
4	64	11
5	75	11
6	86	11
7	97	11
8	104	7
9	107	3
10	110	3
11	113	3
12	116	3
13	117	1

◁ =编织起始位置
◀ =编织结束位置
ʕ = T =中长针
从锁针中编织，1个中长针等于2个锁针。

※ ◇、◆ 各自一对一针目做卷针缝合（18针），缝合注意事项见完成方式图解

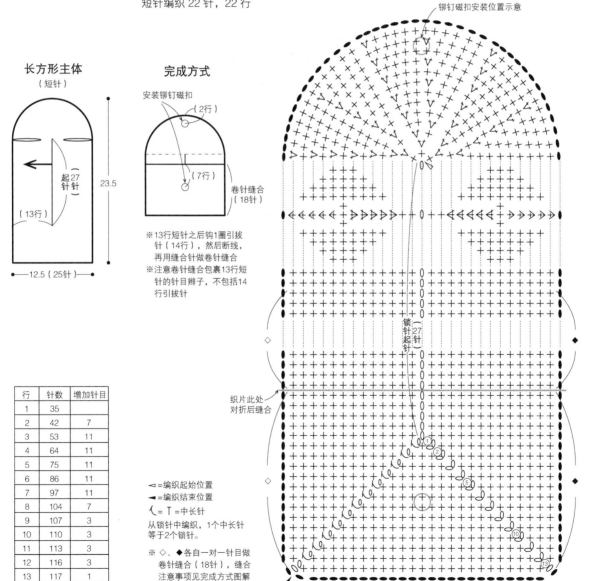

铆钉磁扣安装位置示意

锁针 27 针 起针

织片此处对折后缝合

长方形主体（1片）

83

圆形主体1
（短针）

16

12.5

（13行）

起针9针

圆形主体2
（短针）

边缘编织
（1行）

8

12.5

（13行）

起（5针）

※主体2为往返钩织，每行需断线重新起针，注意保持编织方向一致

行	针数	增加针目
1	20	\
2	26	6
3	36	10
4	46	10
5	56	10
6	66	10
7	76	10
8	82	6
9	84	2
10	86	2
11	88	2
12	90	2
13	90	0

行	针数	增加针目
1	11	\
2	14	3
3	17	3
4	20	3
5	23	3
6	26	3
7	29	3
8	32	3
9	35	3
10	38	3
11	41	3
12	44	3
13	47	3

完成方式

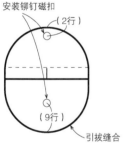

安装铆钉磁扣
（2行）

（9行）

引拔缝合

※引拔针缝合，仅钩织织片后侧半针。

◁=编织起始位置
◀=编织结束位置
◖◗=引拔针，将主体1与主体2反面侧相对，在正面侧将2块织片相邻半针作引拔结合。

耳仔缝合

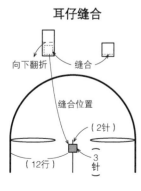

向下翻折　缝合

缝合位置

（2针）

（12行）

3针

耳仔
（1片）

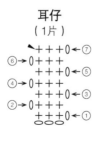

圆形主体1
（1片）　铆钉磁扣安装位置示意

起（9针）

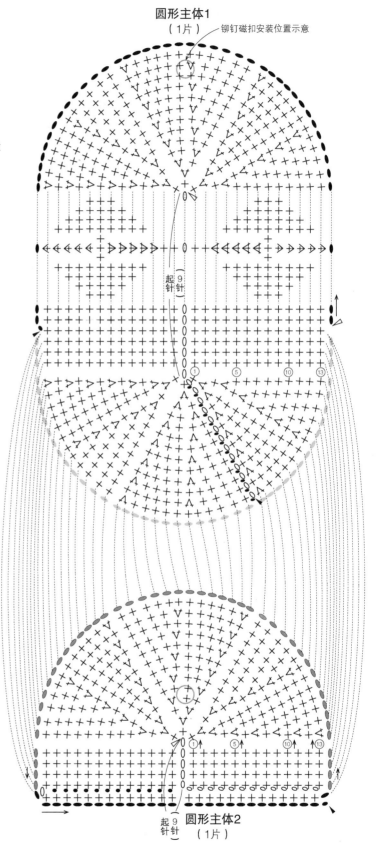

起（9针）

圆形主体2
（1片）

17 春意盎然拼色斗篷

材料
回归线：见用线表

工具
棒针 4.0 mm、6.0 mm

成品尺寸
衣长 51.5 cm
织片宽 51 cm，长 81 cm

用线表

线材	颜色	用量
锦瑟	山岚色	20g
丝念	青藤色	40g
嫣暖	藤蔓色	100g
苏暖	藤色	60g

编织密度
10 cm × 10 cm 面积内：
花样 A 22 针，25 行
花样 B 23 针，25 行
花样 C 20 针，25 行
花样 D 12.5 针，17 行

编织要点
- 手指起针。前身片分别编织 3 片织物，用挑针缝合织片，在织片指定一侧挑针编织花样 D。后身片按图示编织完成花样 C 的织片，在织片右侧挑针编织花样 D。
- 编织结束时伏针收针。将前、后身片按图示位置以指定方法缝合。

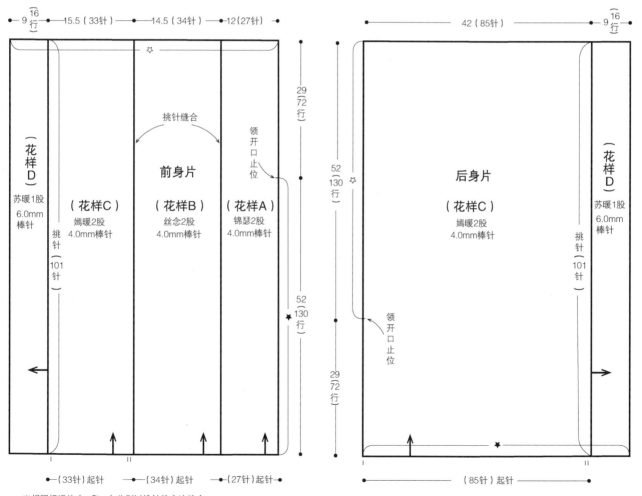

※相同标记处（✿ 和 ★）分别以挑针缝方法缝合

编织花样A

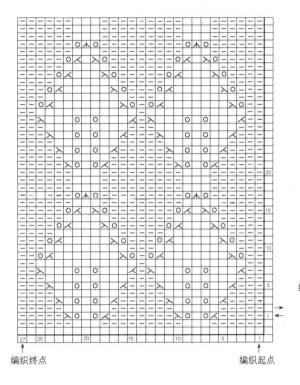

编织起点

编织花样B

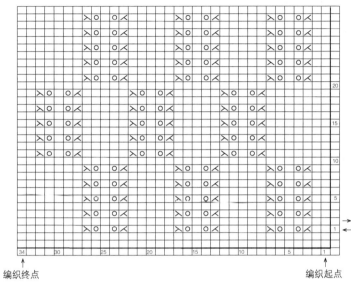

编织终点

编织起点

□ = □ =下针

□ =上针

回 =空加针

入 =入字并（右上2针并1针）

人 =人字并（左上2针并1针）

丛 =中上3针并1针

圈 =绕线编（绕2圈）

编织花样C

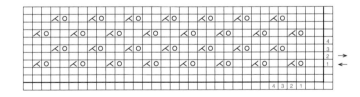

编织花样D

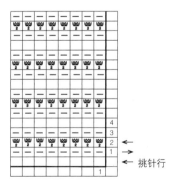

← 挑针行

86

18 亚麻套装：圆育克长袖衫
19 亚麻套装：A 字型长裙

材料
18 回归线·素安：胭粉色 350 g
19 回归线·素安：胭粉色 350 g

工具
棒针 3.0 mm、3.5 mm

成品尺寸
衣长 58 cm，胸围 96 cm，连肩袖长 65 cm
裙长 67 cm，腰围 68 cm

编织密度
10 cm × 10 cm 面积内：
编织花样 A 26 针，32 行
编织花样 B 26 针，29 行
下针编织 24 针，33 行

编织要点
- **18** 手指绕线法起针。按照图解编织前、后身片和袖片，胁部、袖下做挑针缝合。育克从前身片、右袖、后身片、左袖挑起指定数量针目，参照图示做分散减针。衣领延续育克针目做编织花样。
- **19** 手指绕线法起针。裙片参照图示做分散减针，侧边做挑针缝合。腰头从前、后裙片上挑取指定数量的针目，环形编织，编织结束做下针的伏针收针。腰头包裹着连成环形的松紧带，向内面折回，做卷针缝固定。

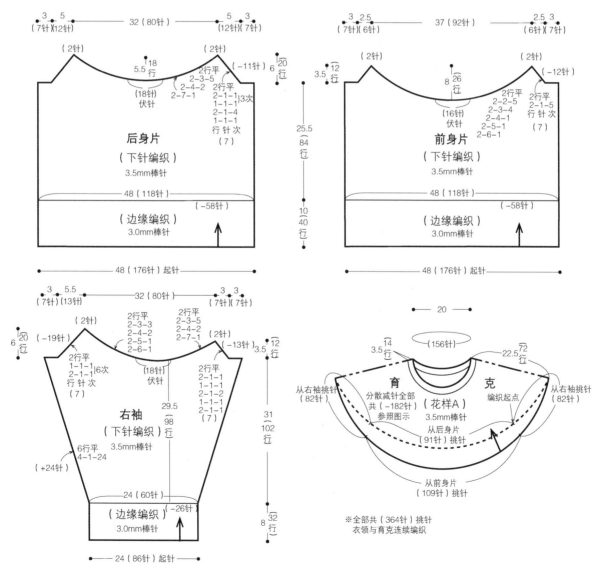

87

编织花样A和育克、领口的分散减针

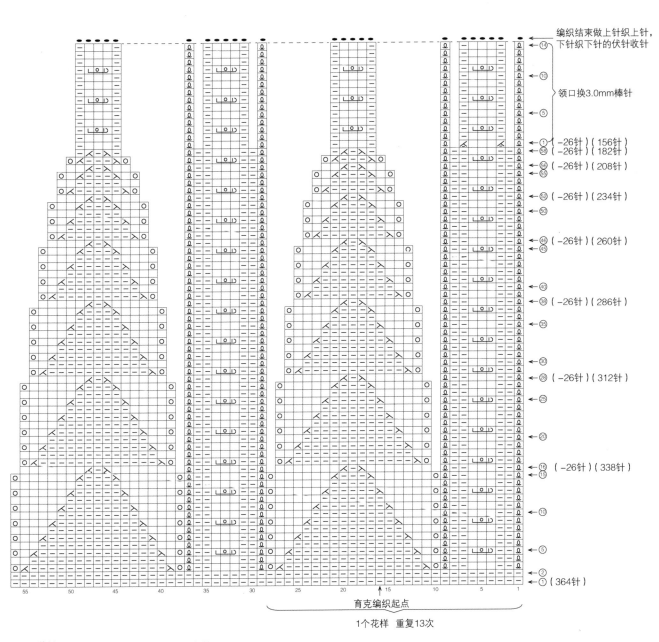

编织结束做上针织上针，
下针织下针的伏针收针

领口换3.0mm棒针

1个花样　重复13次

育克编织起点

- ● =伏针
- □ = ① =下针
- ― =上针
- ⊙ =空加针
- ⓠ =扭针
- ⟋ =上针人字并针（左上2针并1针）
- ⟍ = 入字并针（右上2针并1针）
- ⟋ = 人字并针（左上2针并1针）
- L○D =铜钱花（穿过左针的盖针）

88

长裙

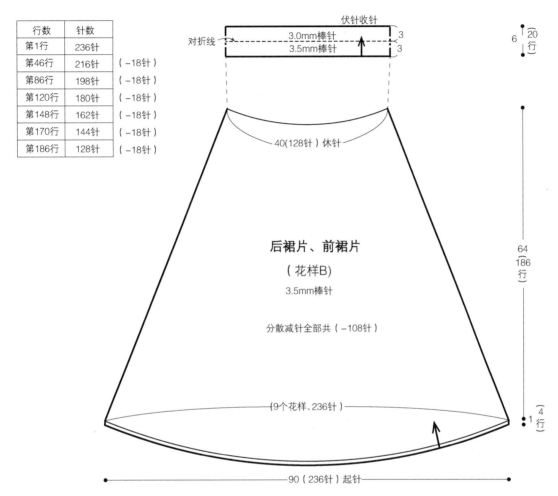

分散减针

行数	针数	
第1行	236针	
第46行	216针	(−18针)
第86行	198针	(−18针)
第120行	180针	(−18针)
第148行	162针	(−18针)
第170行	144针	(−18针)
第186行	128针	(−18针)

68（192针）挑针

腰头 （下针编织）

伏针收针

对折线

3.0mm棒针 ⌉3

3.5mm棒针 ⌉3

6 ⌈20 行

40(128针) 休针

后裙片、前裙片

（花样B）

3.5mm棒针

分散减针全部共（−108针）

64 (186 行)

（9个花样、236针）

1 ⌈4 行

90（236针）起针

松紧带

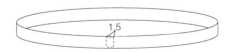

1.5

※松紧带两端重叠1.5cm后缝合固定，腰头
　对折，将松紧带放入腰头折叠的内侧，在
　裙子内侧以卷针缝缝合腰头

边缘编织

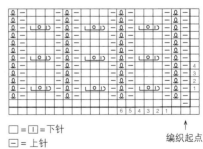

编织起点

□ = |̄ = 下针

－ = 上针

🔟 = 扭针

= 铜钱花（穿过左针的盖针）

编织花样B和长裙的分散减针

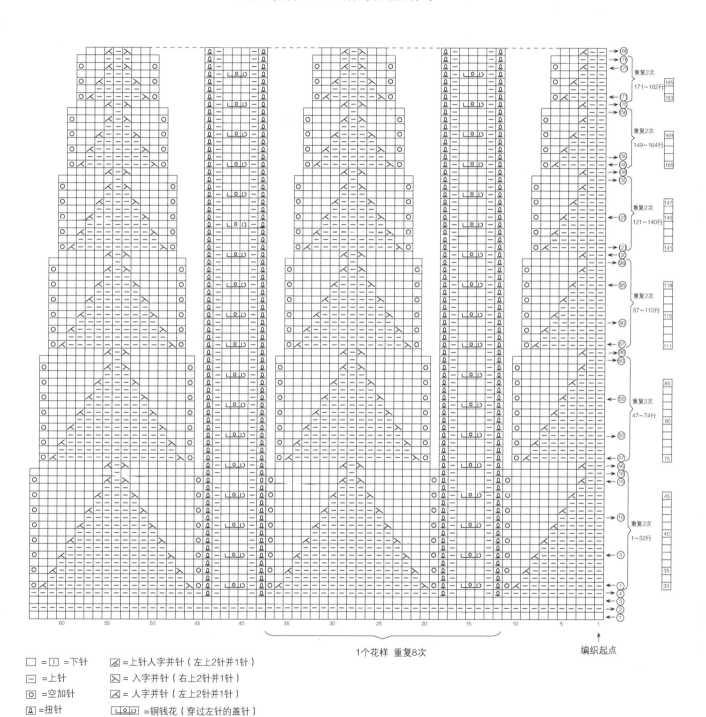

1个花样 重复8次

编织起点

□ =□ =下针　　　⊼ =上针人字并针（左上2针并1针）

− =上针　　　⊼ = 入字并针（右上2针并1针）

○ =空加针　　　⊼ = 人字并针（左上2针并1针）

⊠ =扭针　　　⫼⚬⊔⫼ =铜钱花（穿过左针的盖针）

90

20 钩织结合镂空背心：烟雨色
21 钩织结合镂空背心：湖绿色

材料

20 回归线·素安：烟雨色 275 g
21 回归线·素安：湖绿色 225 g

工具

棒针 2.5 mm、2.75 mm、3.0 mm
钩针 2.5 mm

成品尺寸

烟雨色胸围 86 cm，衣长 55 cm
湖绿色胸围 92 cm，衣长 61.5 cm

编织密度

10 cm×10 cm 面积内：编织花样 A 27 针，35 行
10 cm×10 cm 面积内：编织花样 B 38 针，15 行

编织要点

● 钩针部分锁针起针，分片从下往上钩织。肩部引返编织，用 1 锁针 1 引拔针的方法合肩。详见图一至图六。
● 棒针部分从锁针挑针，从上往下环形编织，分段换指定针号编织。

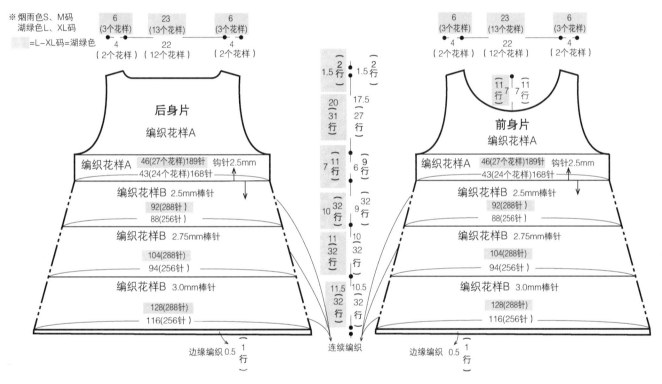

※烟雨色S、M码
湖绿色L、XL码
　=L-XL码=湖绿色

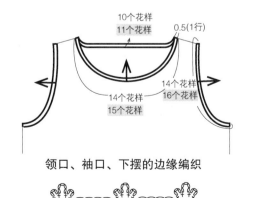

领口、袖口、下摆的边缘编织

编织花样A

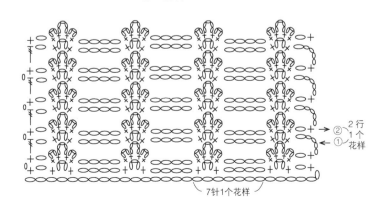

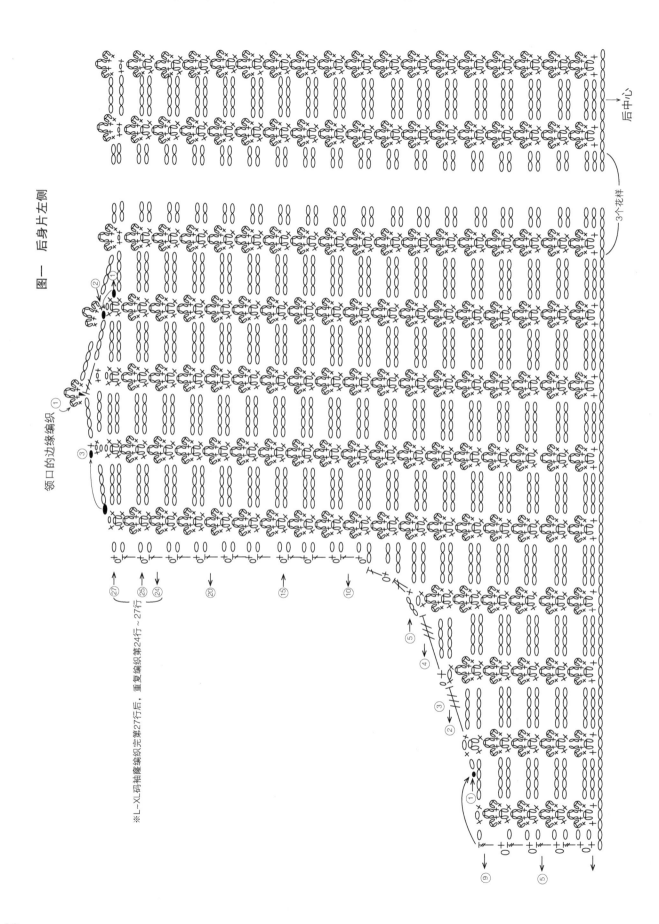

图一 后身片左侧

领口的边缘编织

3个花样

后中心

※L~XL码袖窿编织完第27行后，重复编织第24行~27行

图二 后身片右侧

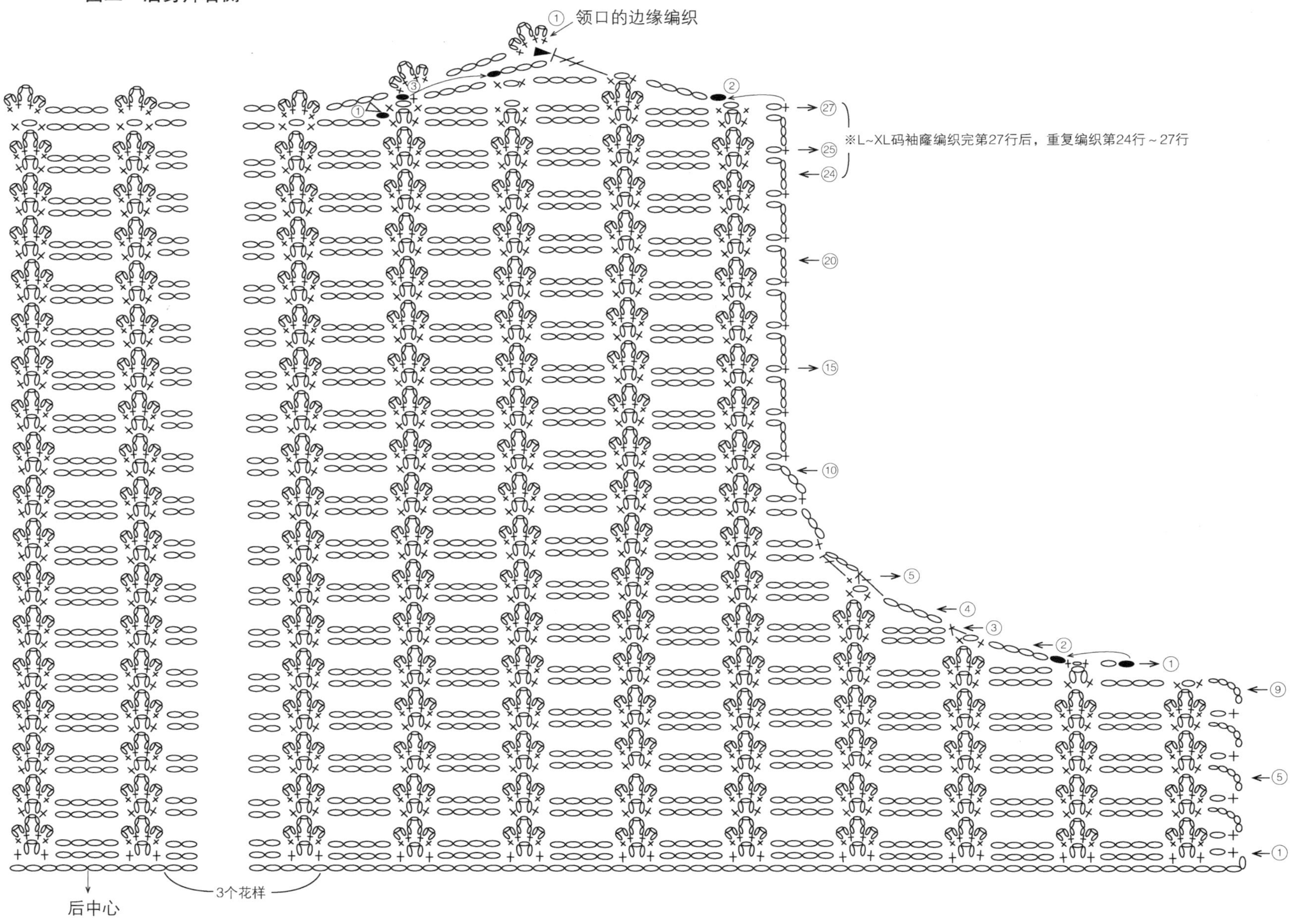

领口的边缘编织

※L~XL码袖窿编织完第27行后，重复编织第24行~27行

3个花样

后中心

93

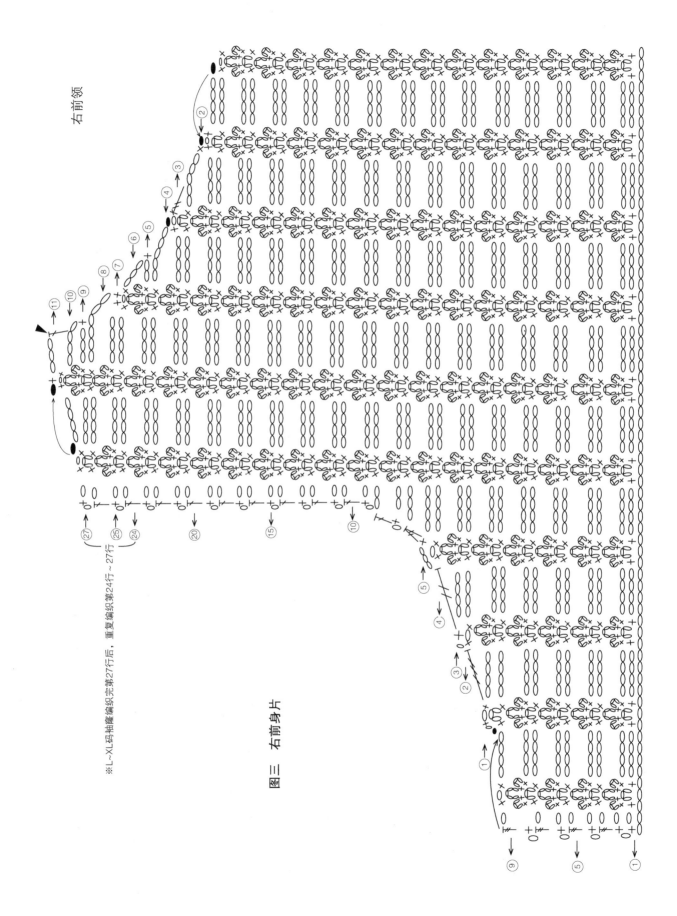

右前领

图三 右前身片

※L~XL码袖窿编织完第27行后，重复编织第24行~27行

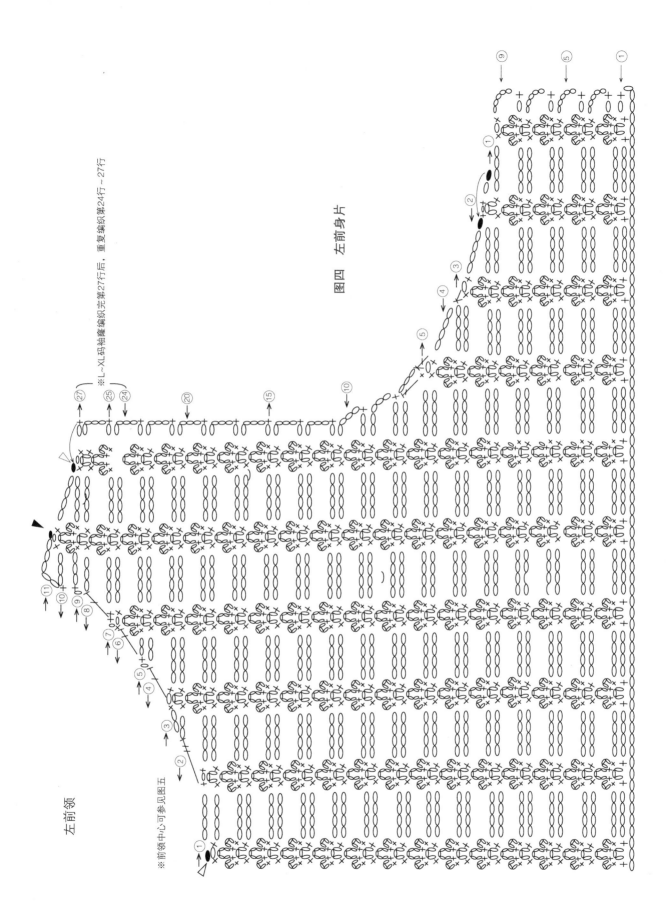

左前领

图四 左前身片

※L～XL码袖窿编织完第27行后, 重复编织第24行～27行

※前领中心可参见图五

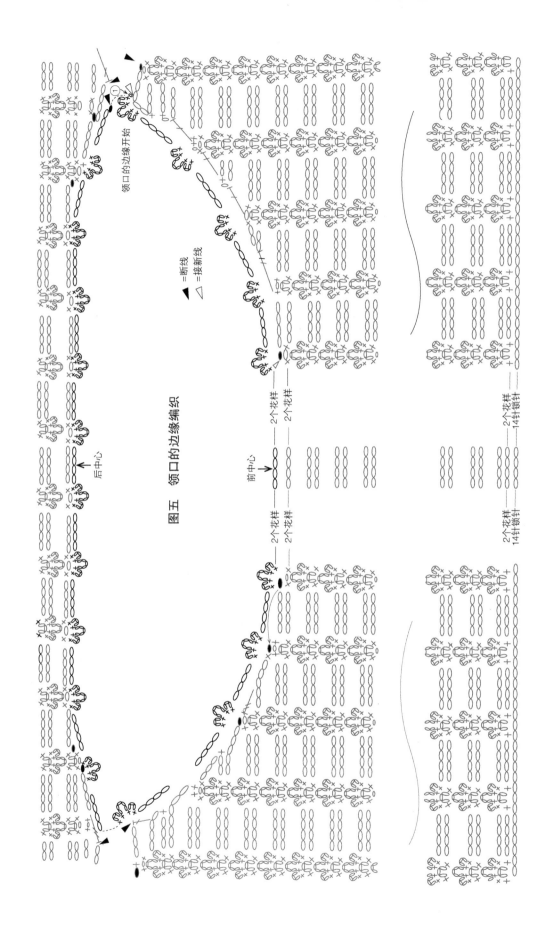

图五 领口的边缘编织

领口的边缘开始

▲ =断线
△ =接新线

后中心

前中心

2个花样
2个花样

2个花样
2个花样

2个花样
14针锁针

2个花样
14针锁针

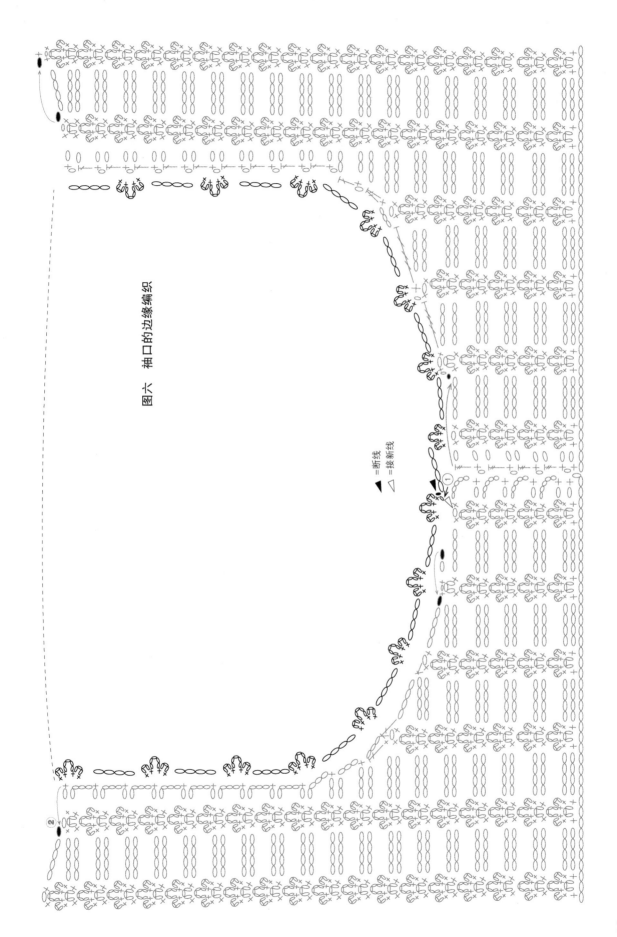

图六 袖口的边缘编织

▲ =断线
△ =接新线

编织花样B（棒针编织）

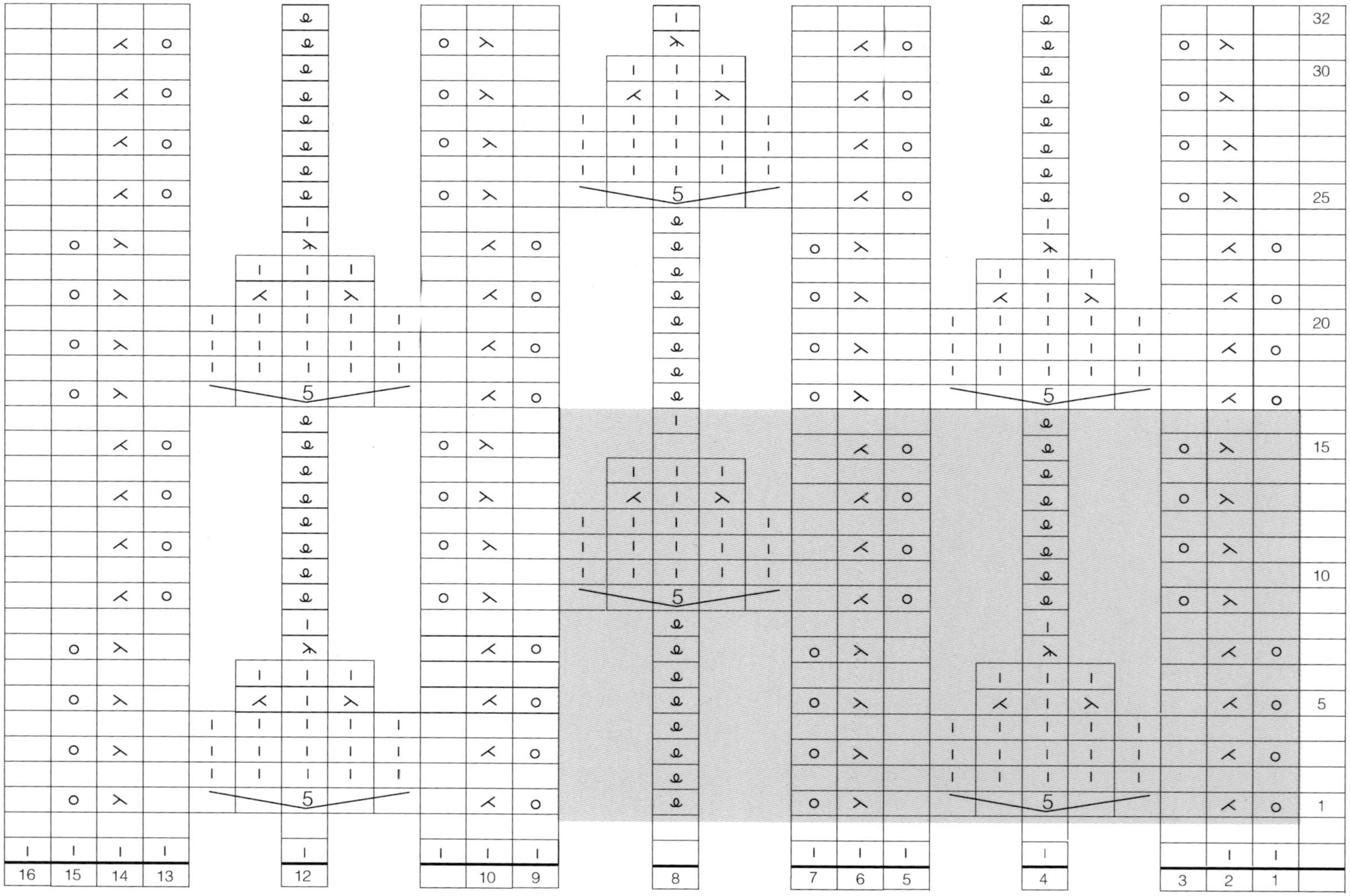

□=□=上针　□=下针　回=空加针　回=扭针

—5—=|O|O|=1针放5针

入字并针（左上2针并1针）　入字并针（右上2针并1针）

入字3针并1针（右上3针并1针）

22　渐变色拼接披肩

材料

回归线·若羽：夏日海（段染色）115 g

工具

棒针 3.75 mm

成品尺寸

宽 97 cm，长 106 cm

编织密度

10 cm × 10 cm 面积内：

编织花样 A 24 针，30 行

编织花样 B 26 针，30 行

编织要点

手指起针，分别编织完成左前身片和右前身片后，继续编织后身片，编织终点在正面做伏针收针。

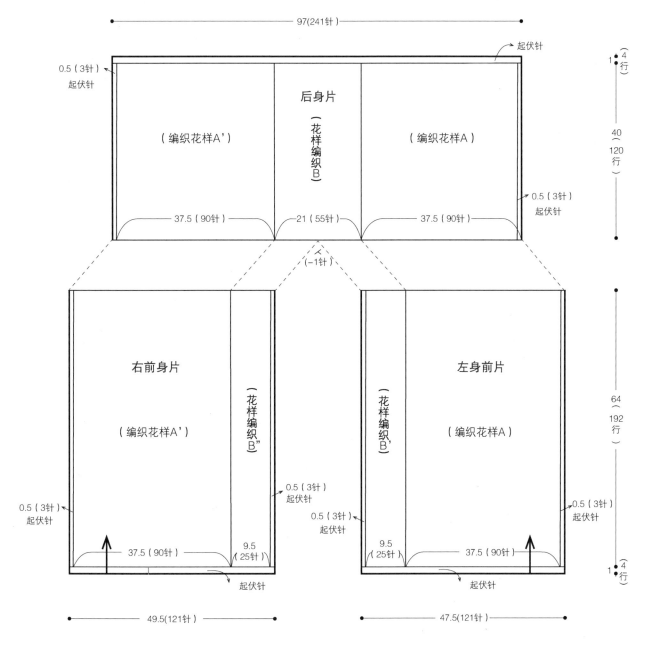

左前片

花样编织B' 花样编织A

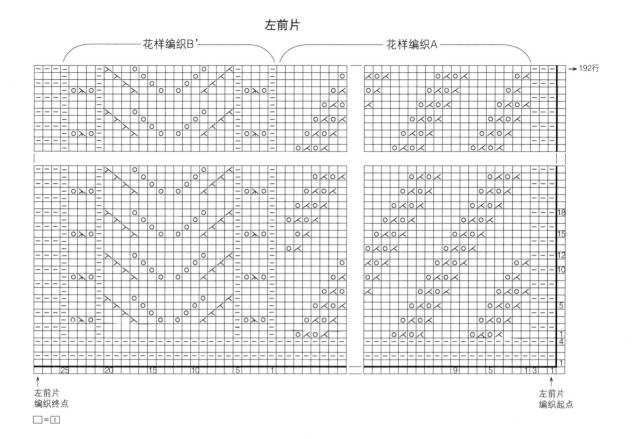

→192行

18
15
12
10
5
1
4
1

25 20 15 10 5 1

9 5 1 3 1

↑
左前片
编织终点

↑
左前片
编织起点

□=□

右前片

花样编织A' 花样编织B"

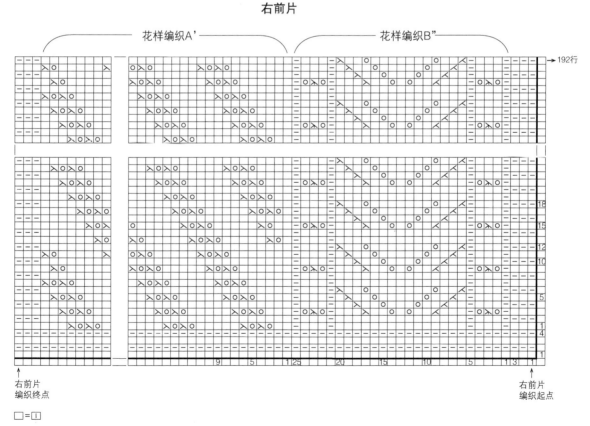

→192行

18
15
12
10
5
1
4
1

9 5 1 25 20 15 10 5 1 3 1

↑
右前片
编织终点

↑
右前片
编织起点

□=□

100

后身片

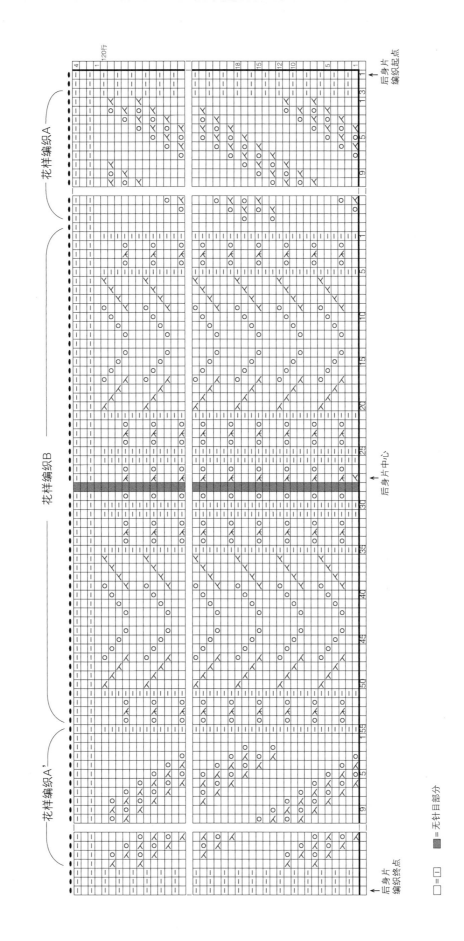

23 复古绣花方领中袖衫

材料

回归线·素语：海狸色 450 g

回归线·悸动：青苔色、樱花

粉色、藏红色各 20 g

工具

钩针 3.0 mm

成品尺寸

宽 46 cm，衣长 51 cm，袖长 29 cm

编织密度

10 cm × 10 cm 面积内：

编织花样 33 针，13 行

编织要点

钩针锁针起针，分片编织。后身片详见图一、图二，前身片详见图三至图五，衣袖详见图六、图七。前身片编织完成后，按图五做花样刺绣。胁部做锁针引拔针接合，肩部做引拔接合，衣袖和身片做引拔接合。

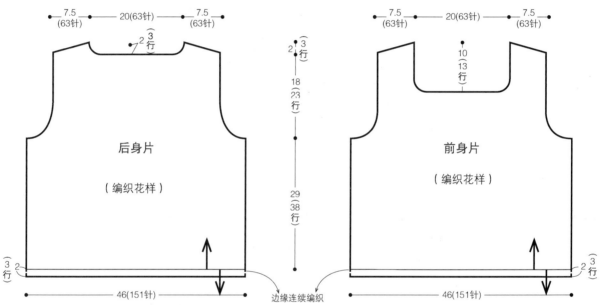

后身片（编织花样）

前身片（编织花样）

边缘连续编织

下摆边缘编织（环形编织）

袖子边缘（环形编织）

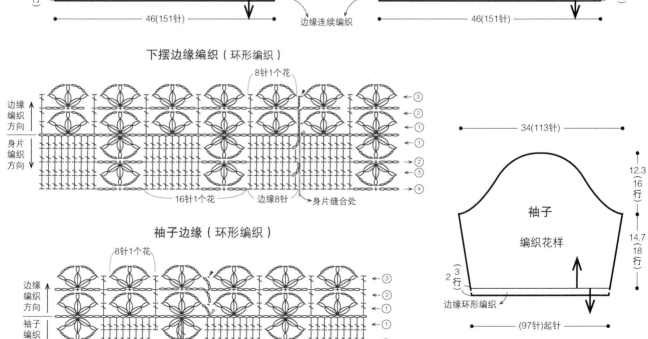

袖子 编织花样

边缘环形编织

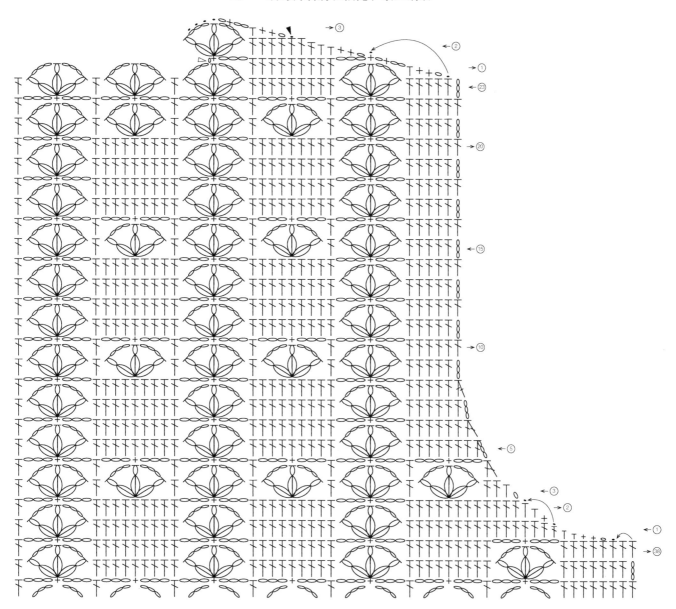

编织花样

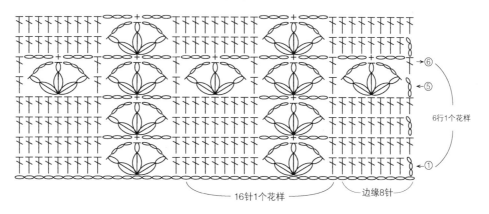

6行1个花样

16针1个花样　　　边缘8针

103

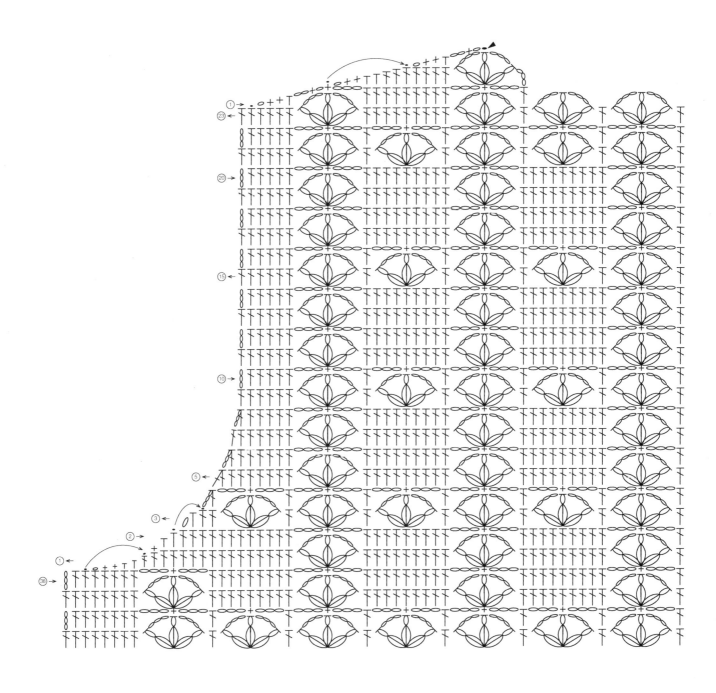

图三　前片刺绣分布

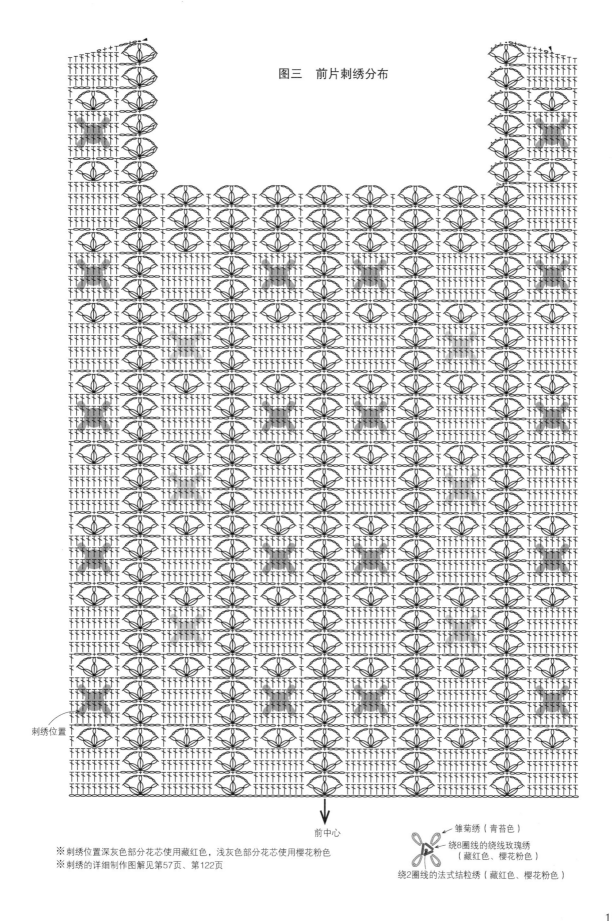

刺绣位置

前中心

雏菊绣（青苔色）

绕8圈线的绕线玫瑰绣
（藏红色、樱花粉色）

绕2圈线的法式结粒绣（藏红色、樱花粉色）

※刺绣位置深灰色部分花芯使用藏红色，浅灰色部分花芯使用樱花粉色
※刺绣的详细制作图解见第57页、第122页

图四　前身片左肩和袖笼、领口编织

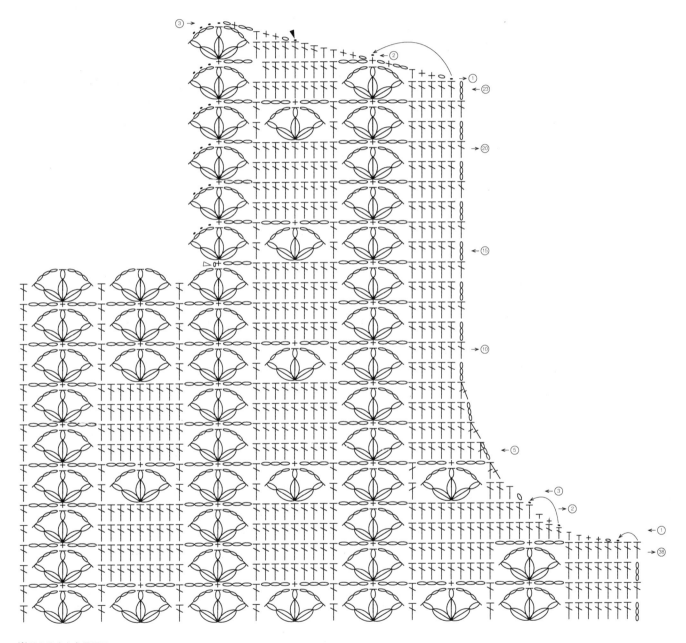

※前身片中心参见图三

图五　前身片右肩和袖笼、领口编织

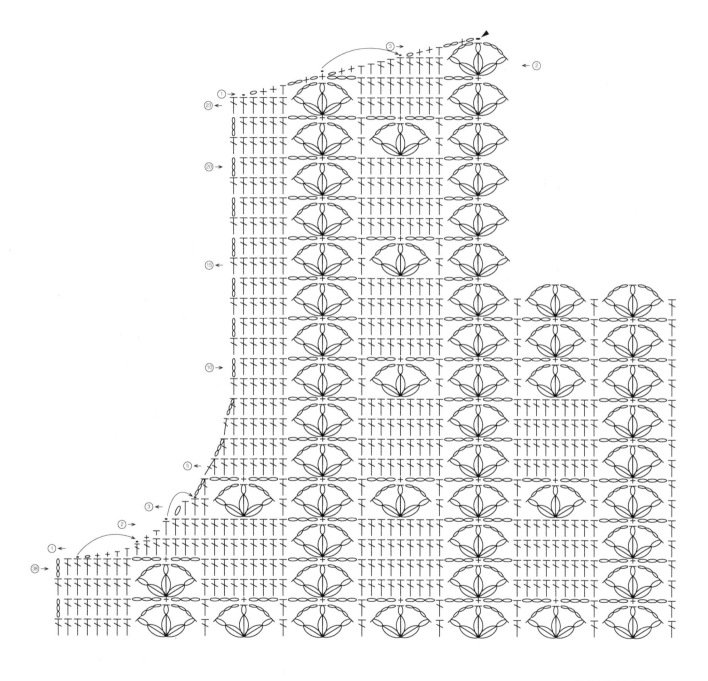

※前身片中心参见图三

图六　衣袖（右侧）

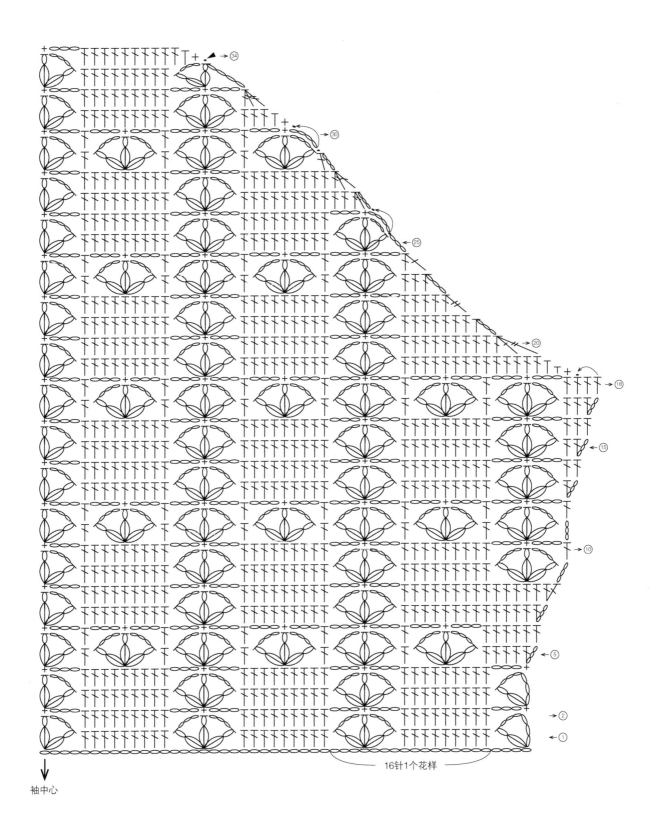

16针1个花样

袖中心

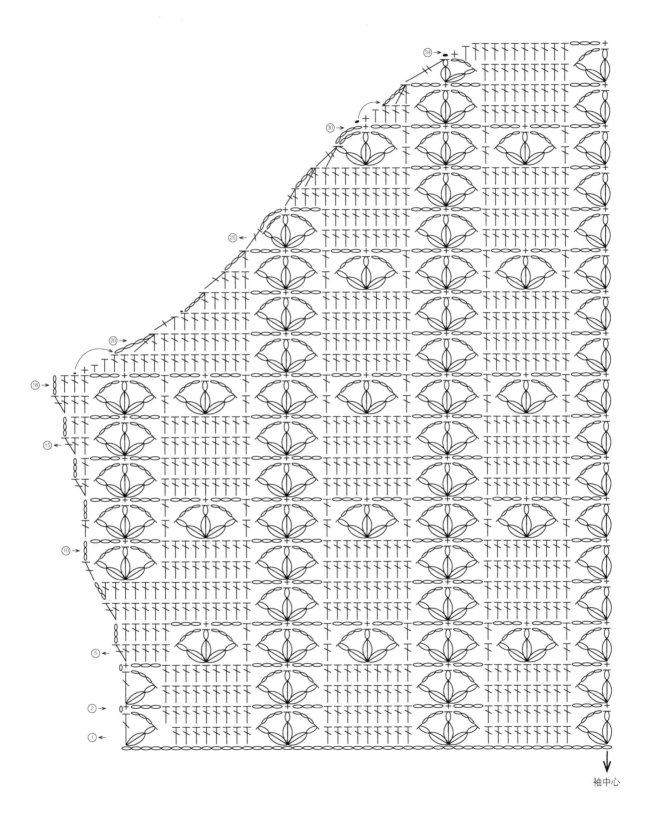

图七　衣袖（左侧）

袖中心

24 节日氛围披肩

材料

回归线・溯原（参照用线表）

工具

钩针 3.5 mm

成品尺寸

长 102 cm，宽 51 cm

编织密度

10 cm×10 cm 面积内：编织花样 15.5 针，
11.5 行

编织要点

- 锁针起针，按披肩主体花样钩织，在指定行数换线，最后以反短针钩织 1 圈。
- 钩织脸部及其他部位，并参照组合方法组装在脸部正确部位，再把组装完成的脸部缝合于披肩主体上并在指定位置绣上装饰绣线。
- 制作绒球，缝在指定位置。

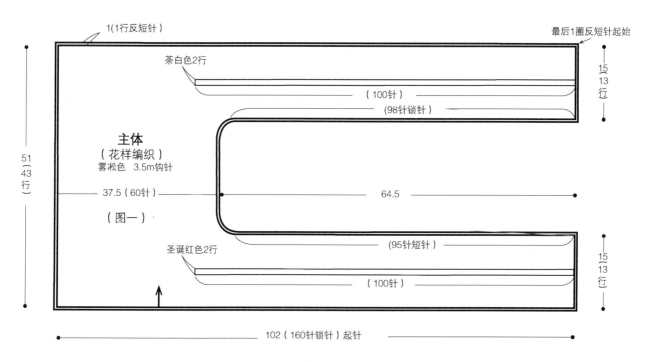

1（1行反短针）

最后1圈反短针起始

茶白色2行

（100针）

（98针锁针）

15
13
行

主体
（花样编织）
雾凇色 3.5m钩针

51
（43）
行

37.5（60针）

64.5

（图一）

圣诞红色2行

（95针短针）

15
13
行

（100针）

102（160针锁针）起针

毛绒球制作

（薰衣草色、焦茶色、茶白色、圣诞红色各1个）

9

9

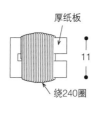

厚纸板

11

绕240圈

剪断绒线

绒线扎紧

剪断绒线

修剪整齐

用线表

颜色	用量
雾凇色	300g
茶白色	50g
焦茶色	50g
米红色	50g
薰衣草色	50g
圣诞红色	50g
樱粉色	50g
黑色	少量

披肩主体编织花样

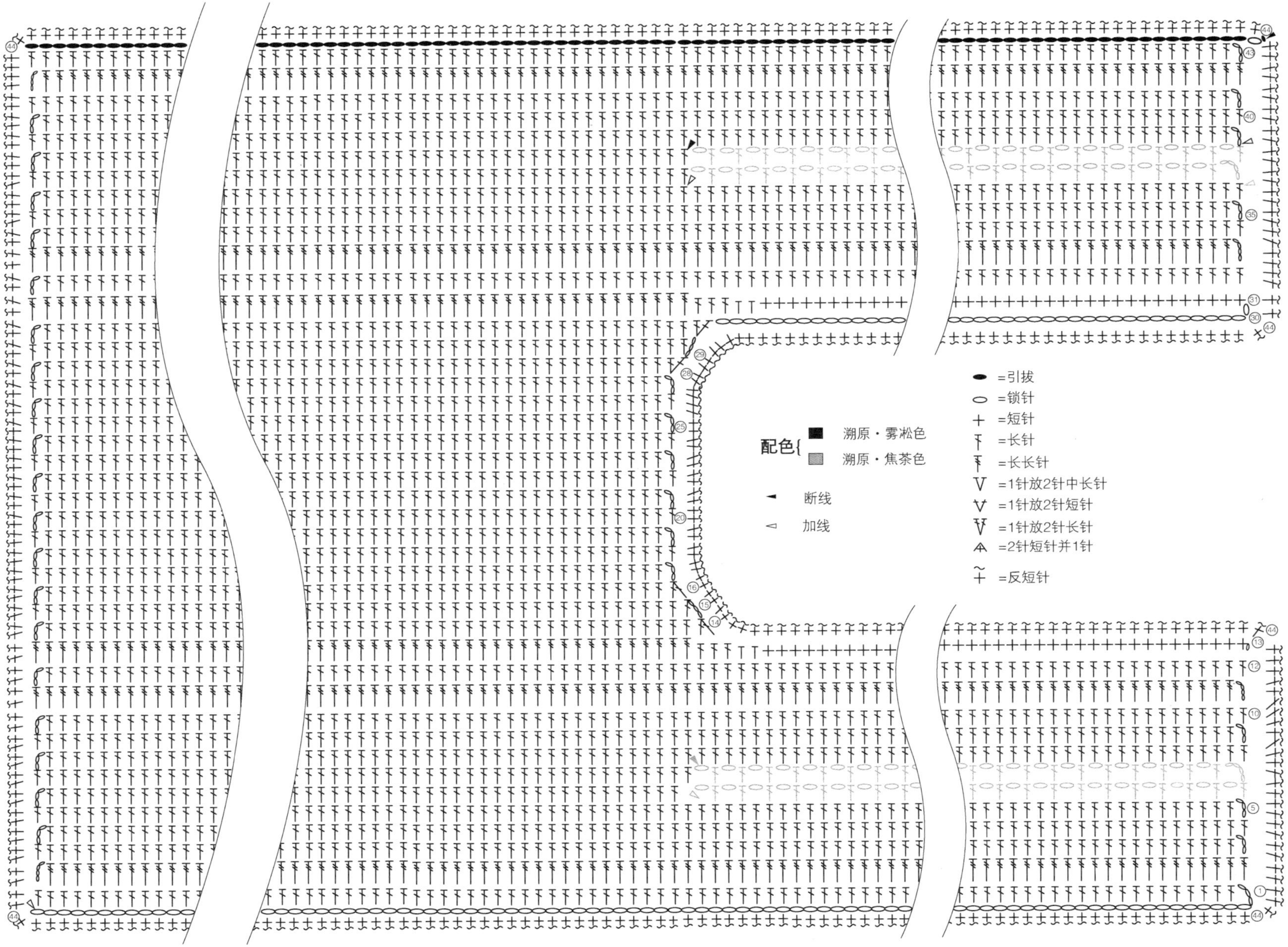

图例：
● =引拔
○ =锁针
+ =短针
〒 =长针
〒 =长长针
V =1针放2针中长针
V =1针放2针短针
V =1针放2针长针
⋀ =2针短针并1针
~+ =反短针

配色 {
■ =溯原·雾凇色
▦ =溯原·焦茶色

▼ =断线
▽ =加线

脸部编织花样

雾凇色 1

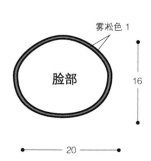
脸部

16

20

配色 { ■ 溯原·米红色
　　　 ▨ 溯原·雾凇色

米红色1股　3.5mm钩针

第2行在第1行短针入针处入针，
包住第1行钩织雾凇色反短针

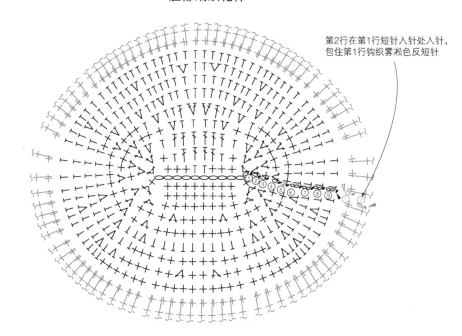

对话框编织花样

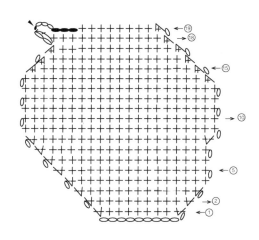

鼻子
樱粉色1股　3.5mm钩针
（鼻子内容物可用废线填充）

2.5

2.5

对话框

11

13

茶白色1股　3.5mm钩针

眼睛（2片）
茶白色1股　3.5mm钩针

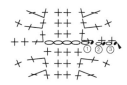

5

4

眼睛的编织花样

嘴巴（鱼骨包带钩法）
樱粉色1股　3.5mm钩针

15（30针）

1
2行

嘴巴的编织花样

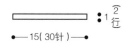

①

※鱼骨包带钩法：起针行钩织锁针，第1针挑起里山先钩织1行短针，
　第2针钩针先穿过第1针短针左侧的竖线和第2个里山后，按钩短针
　的方法钩，一直重复第2针的钩法

112

组合方式

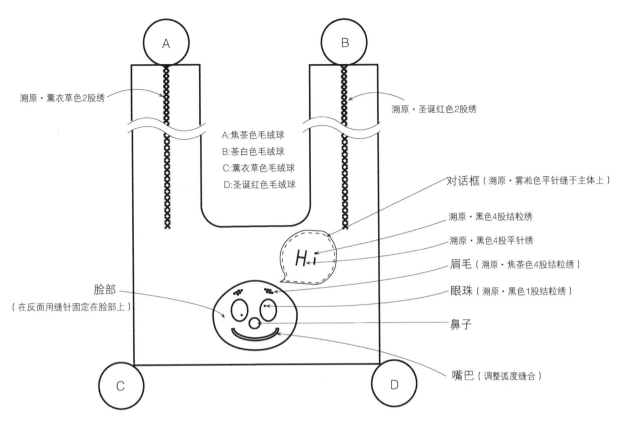

溯原·薰衣草色2股绣

溯原·圣诞红色2股绣

A:焦茶色毛绒球
B:茶白色毛绒球
C:薰衣草色毛绒球
D:圣诞红色毛绒球

对话框（溯原·雾凇色平针缝于主体上）

溯原·黑色4股结粒绣

溯原·黑色4股平针绣

眉毛（溯原·焦茶色4股结粒绣）

眼珠（溯原·黑色1股结粒绣）

脸部
（在反面用缝针固定在脸部上）

鼻子

嘴巴（调整弧度缝合）

※缝合时先把眼睛、嘴巴和其余配件缝合于脸部上，再把组合好的脸部缝合于披肩主体上
※缝合嘴巴时，为避免调整好的弧度变化可用大头针先固定于脸部上再行缝合

装饰绣线绣法

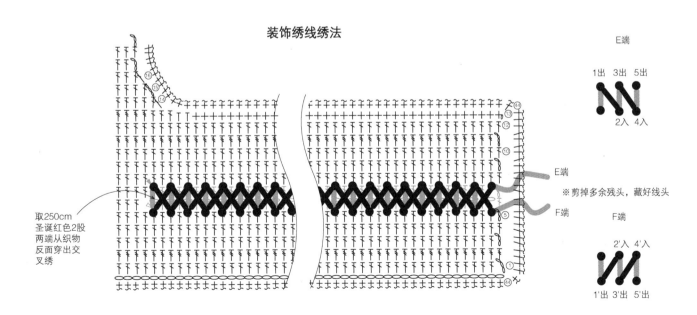

E端

1出　3出　5出

2入　4入

取250cm
圣诞红色2股
两端从织物
反面穿出交
叉绣

E端

※剪掉多余残头，藏好线头

F端

2'入　4'入

1'出　3'出　5'出

F端

25 手形环抱围脖：长款

材料
回归线·溯原（参照用线表 P117）

工具
钩针 3.5 mm、4.0 mm、4.5 mm
棒针 4.0 mm

成品尺寸
长 170 cm，宽 18 cm

编织密度
10 cm×10 cm 面积内：编织花样 16.5 针，12 行

编织要点
- 围脖主体部分锁针起针，根据图解钩织 2 片，最后用短针接合。
- 在主体两端挑起指定针数钩织袖片 1。
- 左、右手部分以手指绕线起针，棒针编织，手指和手掌编织完毕按图解在正面做伏针收针接合。
- 从左、右手端头分别挑钩织袖片 2。
- 袖片 1 和袖片 2 反面相对，钩短针接合。
- 钩织脸部配件，参照组合方法装在脸部正确的部位，然后缝合于围脖主体上。

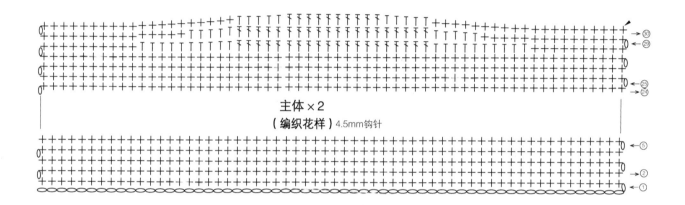

主体×2
（编织花样）4.5mm钩针

从主体上挑针织袖片1

4.5mm钩针　　　　　　　　　　　　姜黄色钩1圈短针与袖片2的最后1行接合

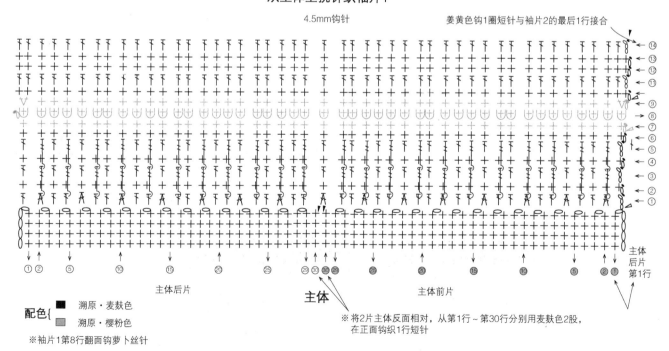

主体后片　　　　　　　　　　主体前片

主体

※将2片主体反面相对，从第1行～第30行分别用麦麸色2股，
在正面钩织1行短针

配色{ ■ 溯原·麦麸色
　　　▨ 溯原·樱粉色

※袖片1第8行翻面钩萝卜丝针

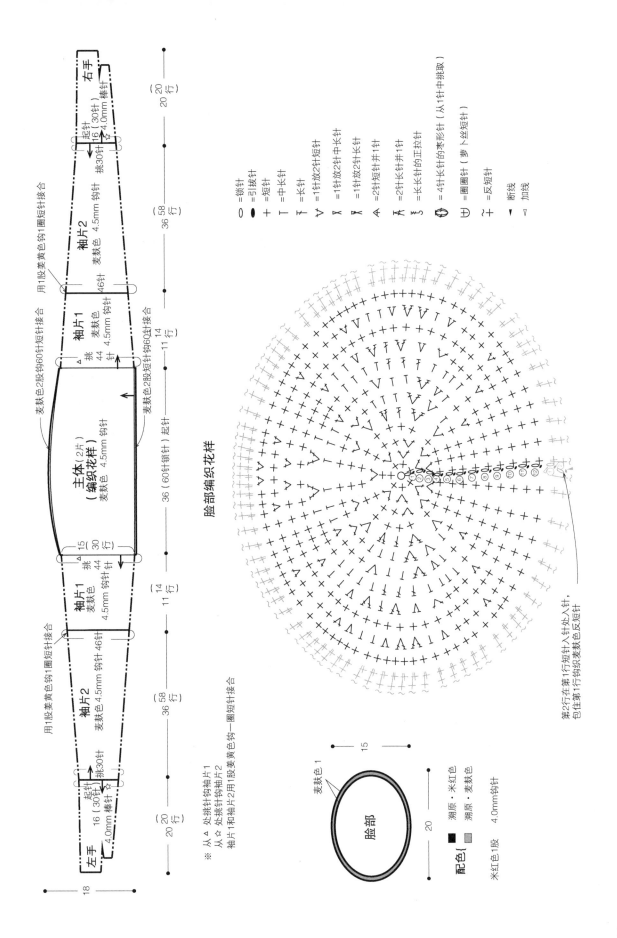

右手

起针
16（30针）
挑30针 钩1圈短针接合
4.0mm 棒针
20
〜20行

用1股姜黄色钩1圈短针接合

袖片2
麦麸色 4.5mm 钩针
46针
36 58行

麦麸色2股60针钩60针短针接合

挑针
44
袖片1
麦麸色 4.5mm 钩针
11 14行

主体（2片）
（编织花样）
麦麸色 4.5mm 钩针
36（60针锁针）起针

15 30行

挑针
44
袖片1
麦麸色 4.5mm 钩针 46针
11 14行

用1股姜黄色钩1圈短针接合

袖片2
麦麸色 4.5mm 钩针 46针
36 58行

起针
16（30针）
挑30针
4.0mm 棒针
左手
20 〜20行

18

※ 从 △ 处挑针钩袖片1
从 ☆ 处挑针钩袖片2
袖片1和袖片2用1股姜黄色钩一圈短针接合

脸部编织花样

第2行在第1行短针入针处入针，
包住第1行钩织麦麸色反短针

脸部
20
15
麦麸色 1

配色 { ■ 湖原·米红色
       ▨ 湖原·麦麸色
米红色1股 4.0mm 钩针

○＝锁针
●＝引拔针
＋＝短针
Ｔ＝中长针
Ｆ＝长针
Ｖ＝1针放2针短针
Ｘ＝1针放2针中长针
Ｘ＝1针放2针长针
Ａ＝2针短针并1针
Ａ＝2针长针并1针
Ｓ＝长长针的正拉针
⊕＝4针长针的枣形针（从1针中挑取）
凷＝圈圈针
〜＝反短针
＋＝圈圈针的变形针（萝卜丝短针）
▼＝断线
▽＝加线

115

分别从左、右手上端挑钩袖片2

4.5mm钩针

将袖片1和袖片2反面相对,
在最后一行上用姜黄色
钩1圈短针接合

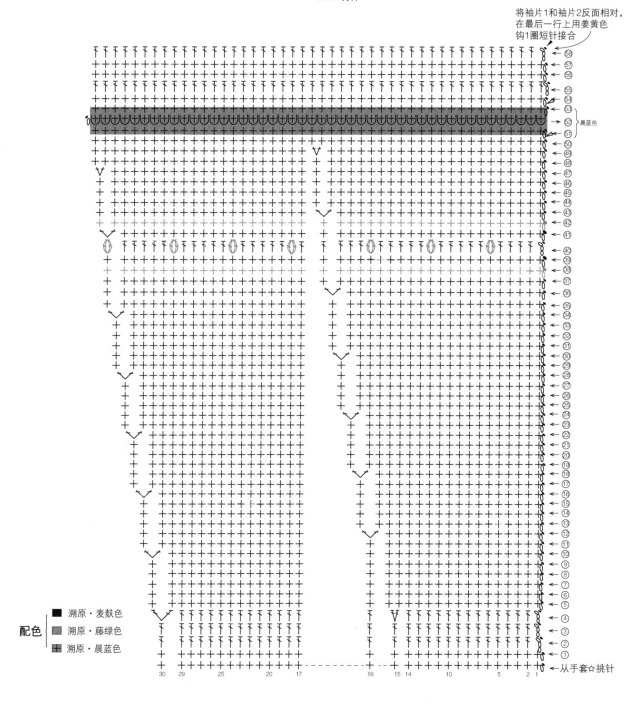

配色
- ■ 溯原·麦麸色
- ▦ 溯原·藤绿色
- ▦ 溯原·晨蓝色

※袖片2第52行翻面钩萝卜丝短针

手
4.0mm 棒针

反面相对做伏针收针接合

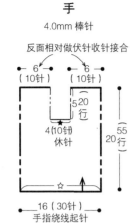

6
（10针）
6
（10针）
5 20 行
4（10针）
休针
55
20 行
16（30针）
手指绕线起针

手指 （从 ★ 处挑针）

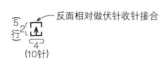

反面相对做伏针收针接合

5 行 2
4
（10针）

用线表

颜色	用量
麦麸色	300g
米红色	150g
焦茶色	
暖藤色	
胭粉色	
樱粉色	少许
黑色	
姜黄色	
晨蓝色	

眼睛 （2个）

茶白色2股　4.0mm钩针

3
3

嘴巴

圣诞红色1股　4.0mm钩针
茶白色1股

圣诞红1
2.5
2.5

鼻子

（鼻子内容物可以用废线填充）
樱粉色1股　3.5mm钩针

3
3

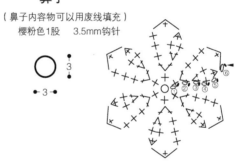

配色{
■ 溯原·茶白色
▨ 溯原·圣诞红色
}

组合方法

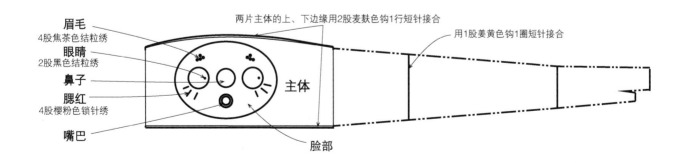

两片主体的上、下边缘用2股麦麸色钩1行短针接合

用1股姜黄色钩1圈短针接合

眉毛
4股焦茶色结粒绣

眼睛
2股黑色结粒绣

鼻子

腮红
4股樱粉色锁针绣

嘴巴

主体

脸部

117

26 手形环抱围脖：短款

材料

回归线·溯原（参照用线表 P119）

工具

钩针 4.5 mm

成品尺寸

长 120 cm，宽 18 cm

编织密度

10 cm × 10 cm 面积内：编织花样 16.5 针，20 行

编织要点

- 围脖主体部分锁针起针，根据图解钩织 2 片。
- 从手顶端开始锁针起针，根据左、右手编织花样，环形钩织左、右手，并在指定位置绣上装饰绣线。
- 钩织脸部配件，并参照组合方法装在脸部正确的部位，再缝合于围脖主体上。
- 两端手与主体以卷针缝合，前后主体部分以圈圈针在背面钉缝。

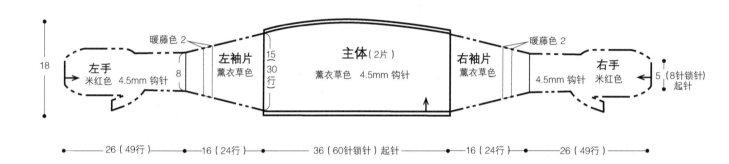

18

左手
米红色 4.5mm 钩针

暖藤色 2

左袖片
薰衣草色

15（30行）

主体（2片）
薰衣草色 4.5mm 钩针

右袖片
薰衣草色

暖藤色 2

右手
米红色 4.5mm 钩针

5（8针锁针）起针

26（49行）　16（24行）　36（60针锁针）起针　16（24行）　26（49行）

→ 边缘编织（溯原·樱粉色）在29行和30行间以萝卜丝针接合2片主体

主体（2片）
薰衣草色 4.5mm 钩针

用溯原·薰衣草色1股在第1行和第2行间引拔接合2片主体，再在引拔的针目上用溯原·姜黄色1股钩1行萝卜丝针，作为下侧的边缘编织。

左、右袖片和左、右手的编织花样

4.5mm 钩针

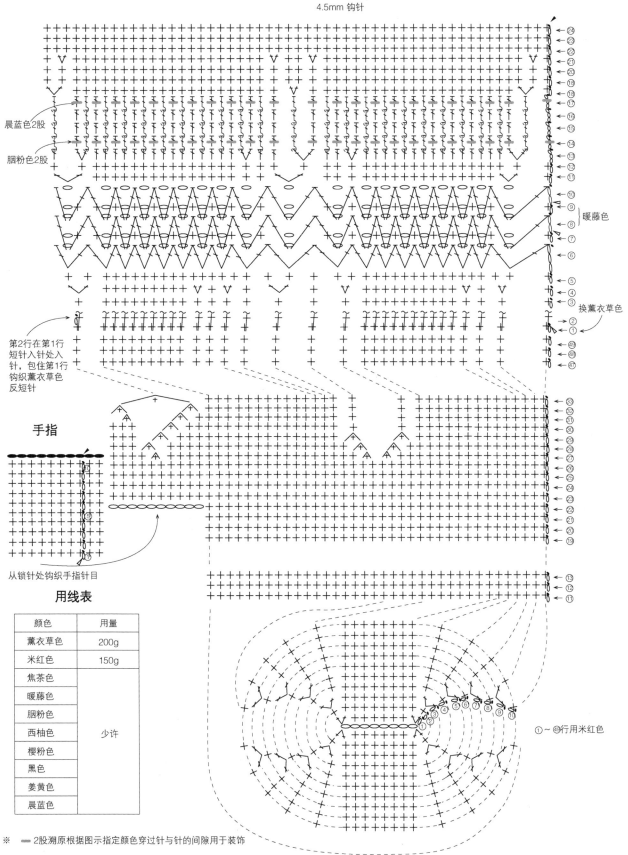

晨蓝色2股

胭粉色2股

暖藤色

换薰衣草色

第2行在第1行
短针入针处入
针，包住第1行
钩织薰衣草色
反短针

手指

从锁针处钩织手指针目

用线表

颜色	用量
薰衣草色	200g
米红色	150g
焦茶色	
暖藤色	
胭粉色	少许
西柚色	
樱粉色	
黑色	
姜黄色	
晨蓝色	

①～⑭行用米红色

※ ➖ 2股溯原根据图示指定颜色穿过针与针的间隙用于装饰

119

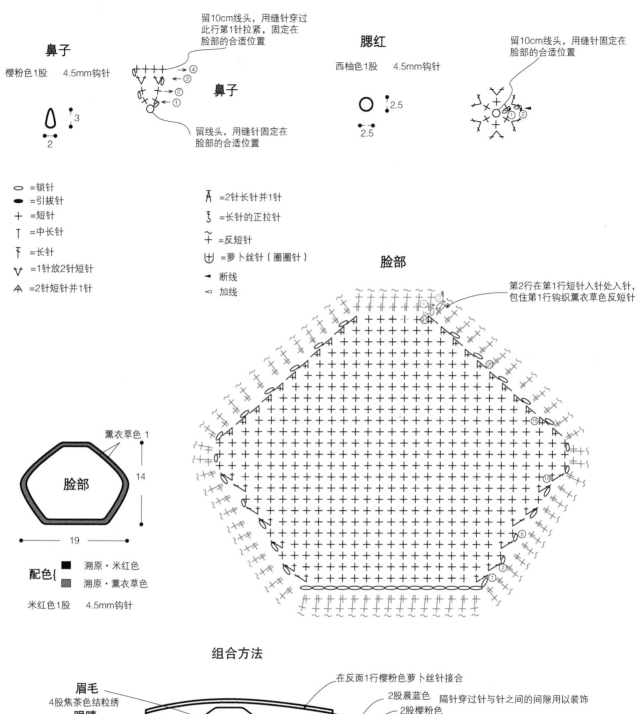

鼻子

樱粉色1股　4.5mm钩针

留10cm线头，用缝针穿过此行第1针拉紧，固定在脸部的合适位置

鼻子

留线头，用缝针固定在脸部的合适位置

3

2

腮红

西柚色1股　4.5mm钩针

留10cm线头，用缝针固定在脸部的合适位置

2.5

2.5

○=锁针

●=引拔针

+=短针

T=中长针

F=长针

V=1针放2针短针

A=2针短针并1针

A=2针长针并1针

ʃ=长针的正拉针

T̃=反短针

⊔=萝卜丝针（圈圈针）

◄=断线

◁=加线

脸部

第2行在第1行短针入针处入针，包住第1行钩织薰衣草色反短针

薰衣草色1

脸部

14

19

配色{ ■=溯原·米红色
　　■=溯原·薰衣草色

米红色1股　4.5mm钩针

组合方法

眉毛
4股焦茶色结粒绣

眼睛
2股黑色结粒绣

鼻子

腮红

嘴巴
1股胭粉色锁针绣

在反面1行樱粉色萝卜丝针接合

2股晨蓝色

2股樱粉色

隔针穿过针与针之间的间隙用以装饰

薰衣草色

卷针缝合

米红色

先在反面以薰衣草色引拔接合2片主体，再在引拔行的针目上钩织1行姜黄色萝卜丝针

27 风车花方毯

材料

lifeyarn·团团：森绿色、绿石英色、洛登霜色、烟绿色、宝石绿色、芦荟色各55 g，芝士色460 g

工具

钩针3.5 mm

成品尺寸

长93 cm，宽93 cm

编织密度

单元花片长15 cm，宽15 cm

编织要点

毯子整体单股线编织。先钩编单元花片，6组配色每组6片、共36片。之后按整体配色排列进行引拔拼接，完成主体部分。最后用芝士色线环形钩织外圈边缘。钩织边缘时按单元花片的短针针目一对一钩编，注意毯子转角的加针。

毯子主体+边缘编织

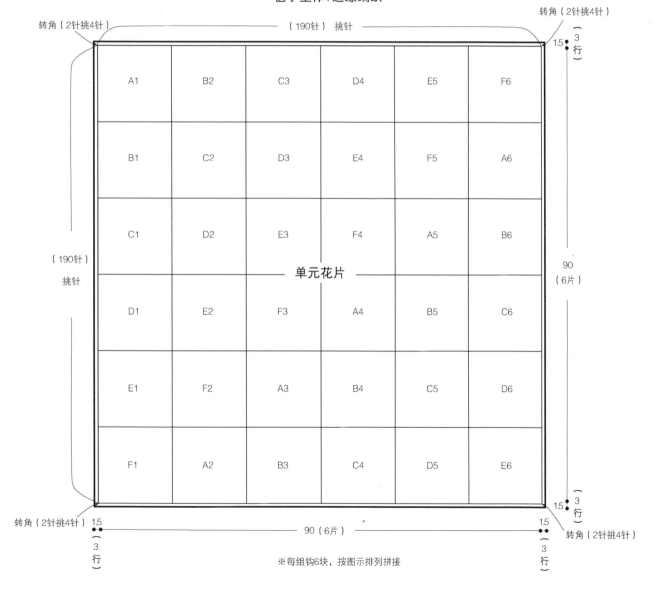

※每组钩8块，按图示排列拼接

单元花片 （36个）

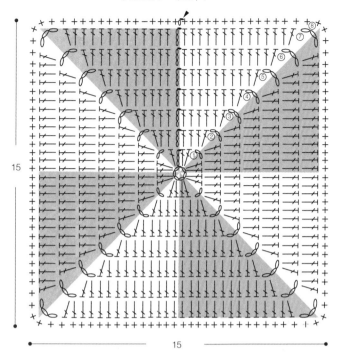

15

15

	配色	个数
A1~A6	森绿色+芝士色	6片
B1~B6	绿石英色+芝士色	6片
C1~C6	洛登霜色+芝士色	6片
D1~D6	烟绿色+芝士色	6片
E1~E6	宝石绿色+芝士色	6片
F1~F6	芦荟色+芝士色	6片

边缘编织

← ③
← ②
← ①

※换色从转角第1针锁针开始换

作品 23 花朵刺绣的制作图解

（上接 57 页）

把线拉紧调整后完成 1 个绕 8 圈的绕线玫瑰绣。

重复步骤 5~9，完成 3 个绕线玫瑰绣，如图。

找好需要刺绣的位置，从下往上入针。此点为 C 点。

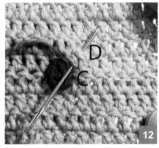

把线拉出后，手缝针从 C 点入，从 D 点出。

把手缝针左侧的线搭到手缝针上。

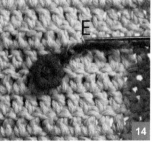

拉出手缝针，找到 E 点入针。

完成一个雏菊绣。

重复步骤 10~14，完成 4 个雏菊绣，最终效果如图。

122

花片的连接

▷ = 加线
► = 剪线

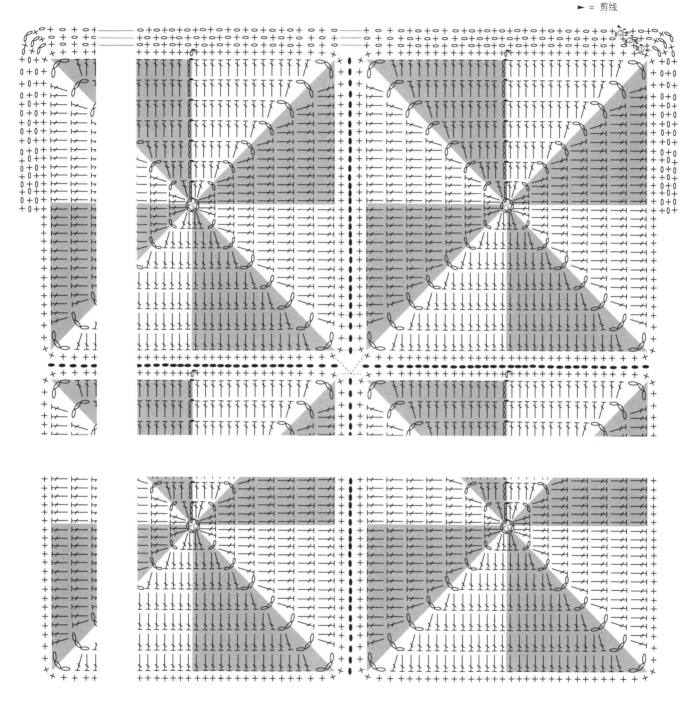

※边缘编织使用芝士色

28 曲奇提花袜子

材料

回归线·知足：秋实色 50 g、初夏色 50 g、丹霞色 50 g、茶白色 50 g

工具

棒针 2.4 mm

成品尺寸

女士 36 ～ 38 码

编织密度

10 cm × 10 cm 面积内：

花样 A、B、C、D 30 针，35 行

编织要点

- 袜口：使用橙色线和德式扭转起针法起针，环形编织单罗纹针。
- 袜筒：以横向渡线和纵向渡线结合的方法，分别编织袜筒后侧的花样 A 和袜筒前侧的花样 D，编织 50 圈，前侧针目休针。
- 袜跟：后侧 29 针改为往返编织，按照图解编织花样 B 和引返减针，然后沿着袜跟侧边挑针，共 49 针。
- 袜围：将前侧 36 针恢复到棒针上环形编织，同时环形编织袜子前侧的花样 D 和袜底的三角片减针和花样 C。
- 袜头：按照图解编织袜头的减针，使用平针接合的方法收缝袜头。

※编织准备：提前将秋实色的纯橘色部分、黄彩点部分、红彩点部分，初夏色的蓝彩点部分、绿彩点部分，以及丹霞色的棕彩点部分断线，分别绕成小团毛线备用

※袜围前侧第 1 行分散加 5 针
※袜跟三角片第 1 圈：从袜跟后侧右下方接上白色线，沿着起伏针的侧边挑 15 针，编织袜跟上的 19 针，再沿另一条起伏针的侧边挑 15 针，将袜围前侧的 36 针穿回棒针上，共 85 针
※袜跟三角片完成减针后，袜底余 31 针，前侧余 35 针
※袜头第 1 圈：袜底分散减 2 针余 29 针，前侧分散减 7 针余 29 针

德式扭转起针法

微信扫码看视频

图二

3 (9针)

(-10针) (-10针)

袜头

(-7针)

12(36针)

袜围前侧
花样 D

(-9针)

●12(36针)挑针

从★处
(15针)挑针
(-5针)

(10针)(11针)(10针)

袜跟 花样 B

★   ☆

●(36针)休针

袜筒前侧
花样 E

12(36针)

(+5针)

3 (9针)

(-10针) (-10针)

袜头

(-2针)

10(31针)

袜底
花样 C

(-9针)

6(19针)

从☆处
(15针)挑针
(-5针)

袜筒后侧
花样 A

10(29针)

(单罗纹针)

18(60针)

图一

4.5 (16行)
12 (42行)
5 (18行)
2.5 (9行)
8.5 (30行)
17 (60行)
4 (14行)

图一 袜口、袜筒、袜跟

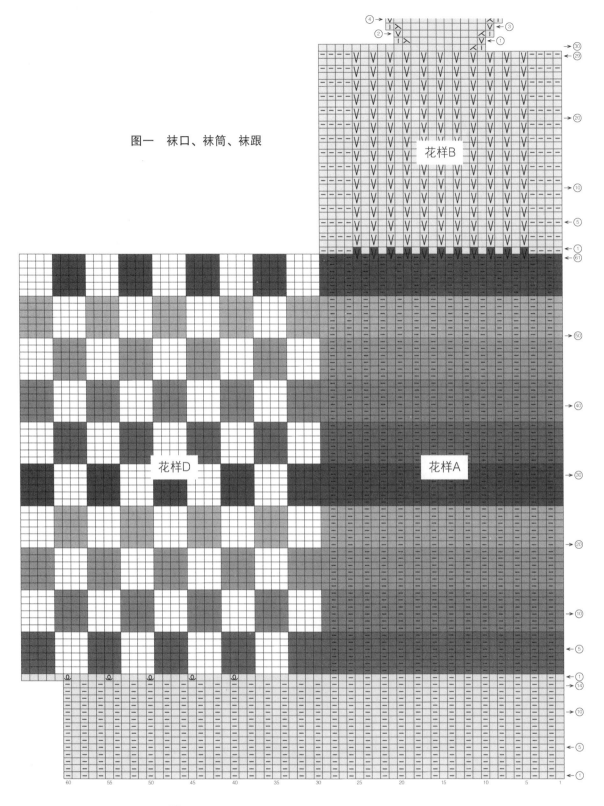

花样B

花样D

花样A

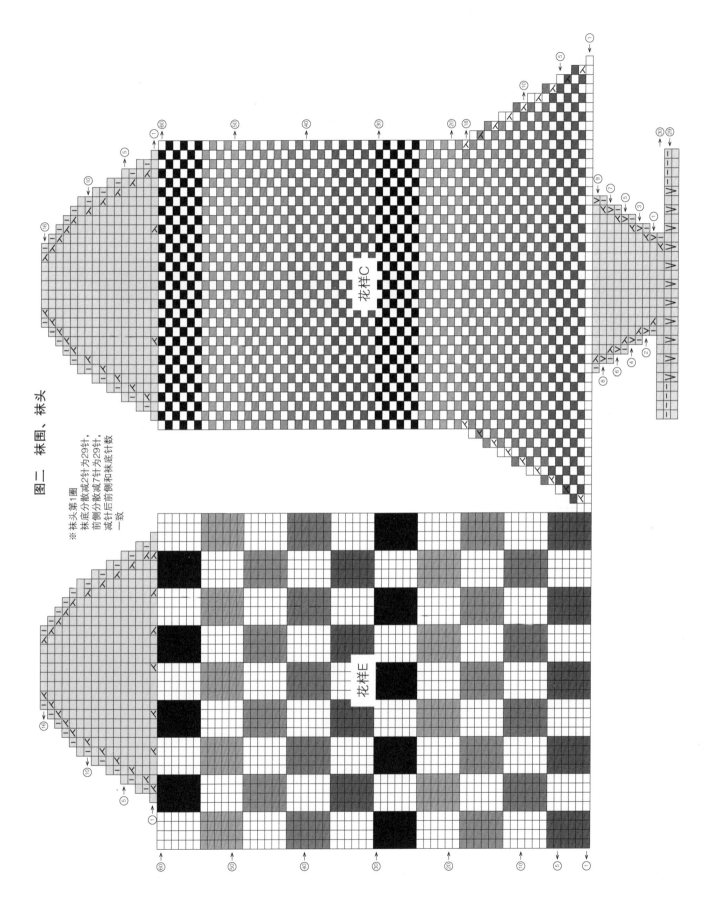

图二 袜围、袜头

※袜头第1圈
袜底分散减2针为29针,
前侧分散减7针为29针,
减针后前侧和袜底针数
一致

花样C

花样E

29 卵石提花袜子

材料

回归线·知足：初夏色 100 g、茶白色 50 g

工具

棒针 2.4 mm

成品尺寸

女士 36～38 码

编织密度

10 cm × 10 cm 面积内：
花样 A、B、C、D 30 针，35 行

编织要点

- 袜口：使用绿色线和德式扭转起针法起针，环形编织单罗纹针。
- 袜筒：以横向渡线和纵向渡线结合的方法，分别编织袜筒后侧的单罗纹针和前筒的花样 A，编织 66 圈，前侧针目休针。
- 袜跟：后侧 29 针改为往返编织，按照图解编织花样 B 和引返减针，然后沿着袜跟侧边挑针，共 49 针。
- 袜围：将前侧 28 针恢复到棒针上环形编织，同时编织前侧的花样 D 和袜底的三角片减针和花样 C。
- 袜头：按照图解环形编织袜头的减针，使用平针接合的方法收缝袜头。

※编织准备：提前将初夏色的蓝色、绿色断线，分成小团毛线使用，初夏实际使用量不到50g（断掉的绿彩点和蓝彩点的部分可以用于"曲奇"袜子，不会浪费）

※袜子前侧第一行加1针
※第2只袜子的图案参考第1只袜子对称编织
※袜跟三角片第1圈：从袜跟后侧右下方接上蓝色线，沿着起伏针的侧边挑针15针，编织袜跟上的19针（中间减1针变18针），再沿另一条起伏针的侧边挑针15针，将袜围前侧的28针穿回棒针上恢复环形编织，共76针
※袜跟三角片完成减针后，袜底余28针，前侧余28针

※德式扭转起针法详见第 124 页二维码视频

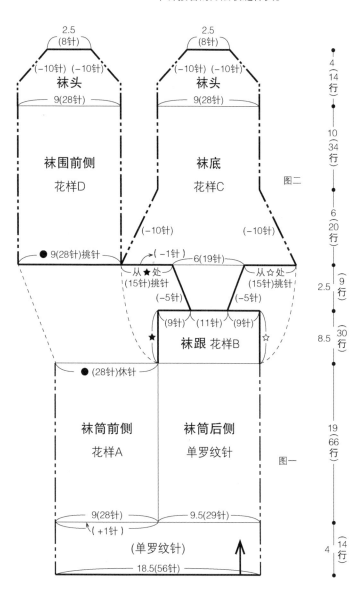

图一　袜筒、袜口

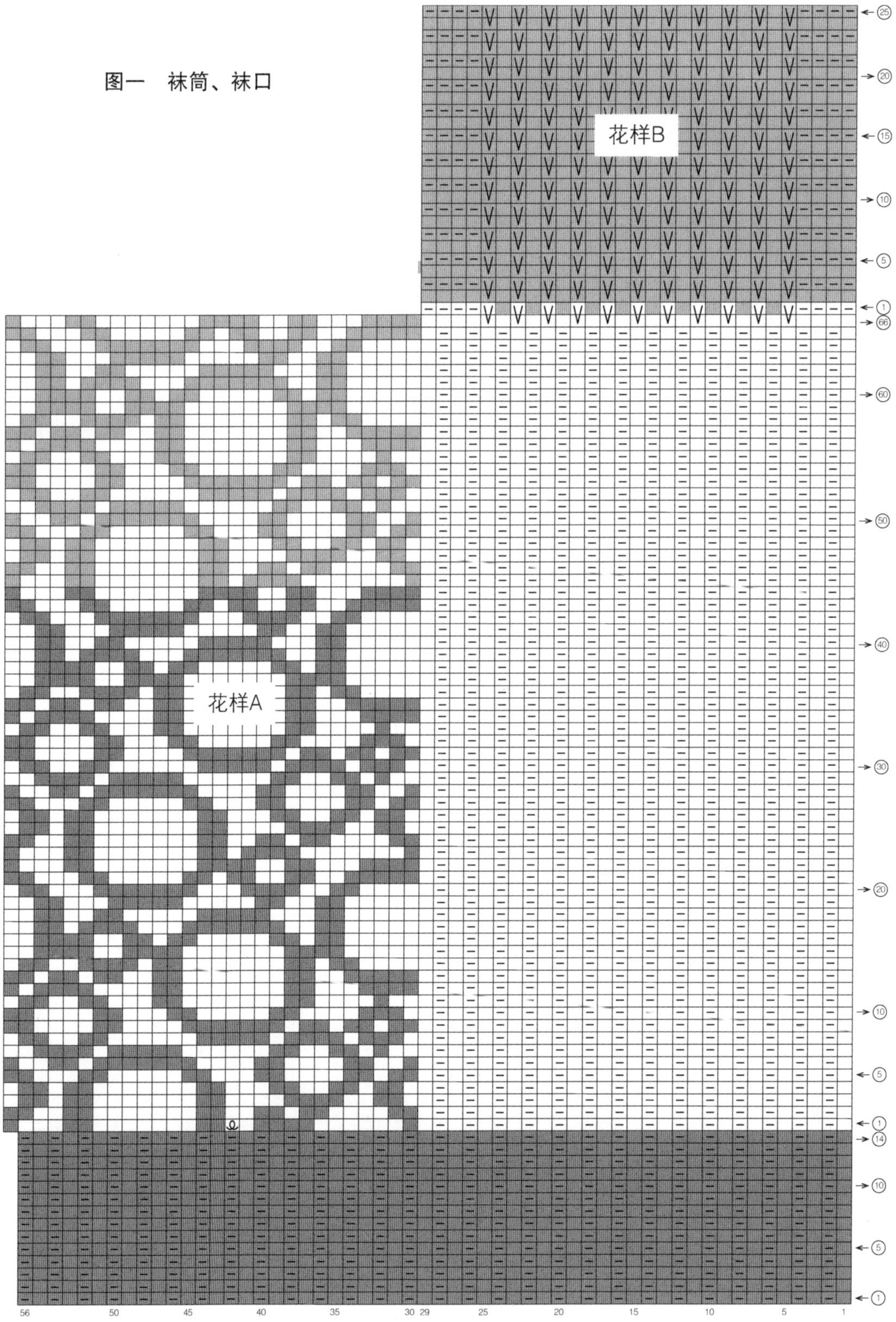

□=下针 ⊟=上针 Ⓠ=扭针的加针 V=滑针 □=初夏蓝色 □=初夏绿色

⊠=入字并针（右上2针并1针）

⊠=人字并针（左上2针并1针）

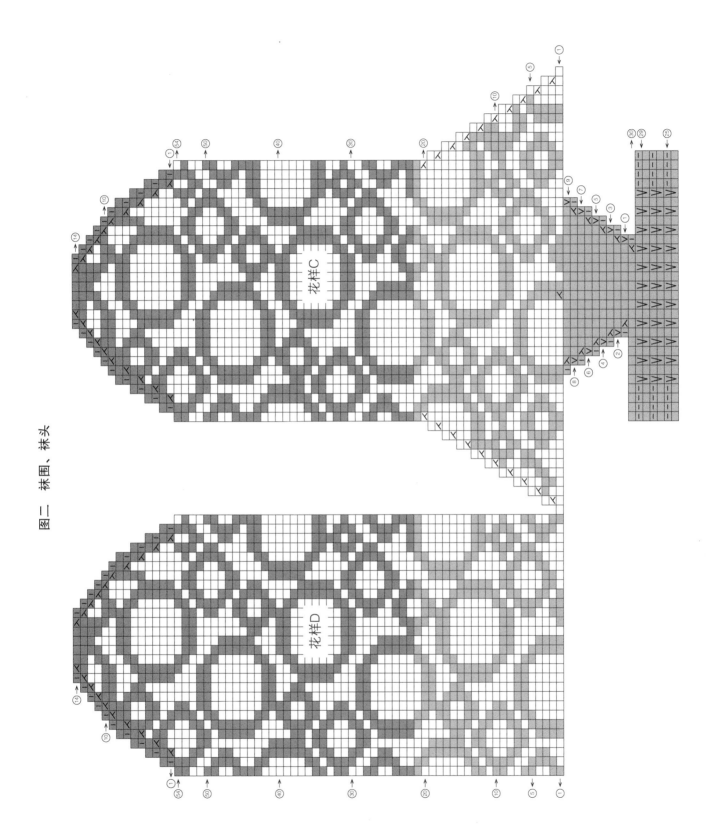

图二 袜围、袜头

花样C

花样D

30 丹雨提花袜子

材料

回归线·知足：丹霞色 50 g、茶白色 50 g

工具

棒针 2.4 mm

成品尺寸

女士 36 ～ 38 码

编织密度

10 cm × 10 cm 面积内：

花样 A、B、C、D 30 针，35 行

编织要点

- 袜口：茶白色线和德式扭转起针法起针，环形编织单罗纹针。
- 袜筒：以横向渡线和纵向渡线结合的方法，分别编织袜筒后侧的花样 A 和前侧的花样 D，编织 50 圈，前侧针目休针。
- 袜跟：后侧 29 针改为往返编织，按照图解编织花样 B 和引返减针，然后沿着袜跟侧边挑针，共 49 针。
- 袜围：将前侧 28 针恢复到棒针上圈织，同时编织前侧的花样 D 和袜底的三角片减针及花样 C。
- 袜头：按照图解圈织袜头的减针，使用平针接合的方法收缝袜头。

※编织准备：编织的过程将丹霞色的棕彩点部分断掉不使用（断掉的部分可以用于"曲奇"袜子的编织，不会浪费）

※袜围前侧第一行加1针
※第2只袜子的图案参考第1只袜子对称编织
※袜跟三角片第1圈：从袜跟后侧右下方接上白色线，沿着起伏针的侧边挑15针，编织袜跟上的19针，再沿另一条起伏针的侧边挑15针，将袜围前侧的28针穿回棒针上恢复圈织，共77针
※袜跟三角片完成减针后，袜底余31针，前侧余28针
※袜头第1圈，调整针目位置，让袜底为29针，前侧为30针（减1针余29针）

※ 德式扭转起针法详见第 124 页二维码视频

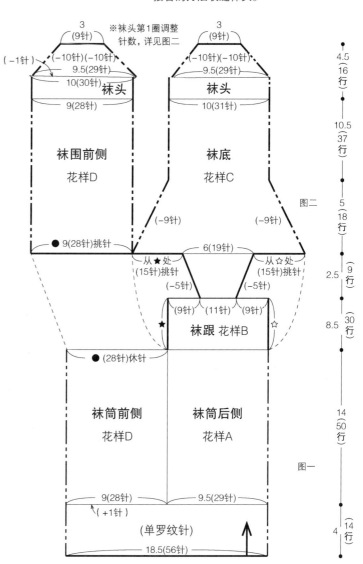

图一 袜口、袜筒、袜跟

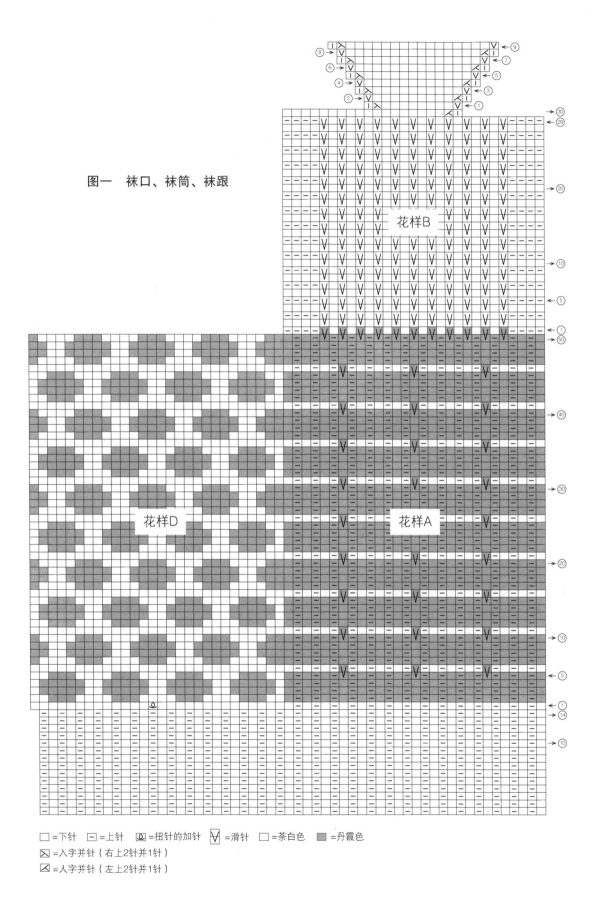

□ =下针　─ =上针　ℚ =扭针的加针　Ⅴ =滑针　□ =茶白色　■ =丹霞色

☒ =人字并针（右上2针并1针）

☒ =人字并针（左上2针并1针）

131

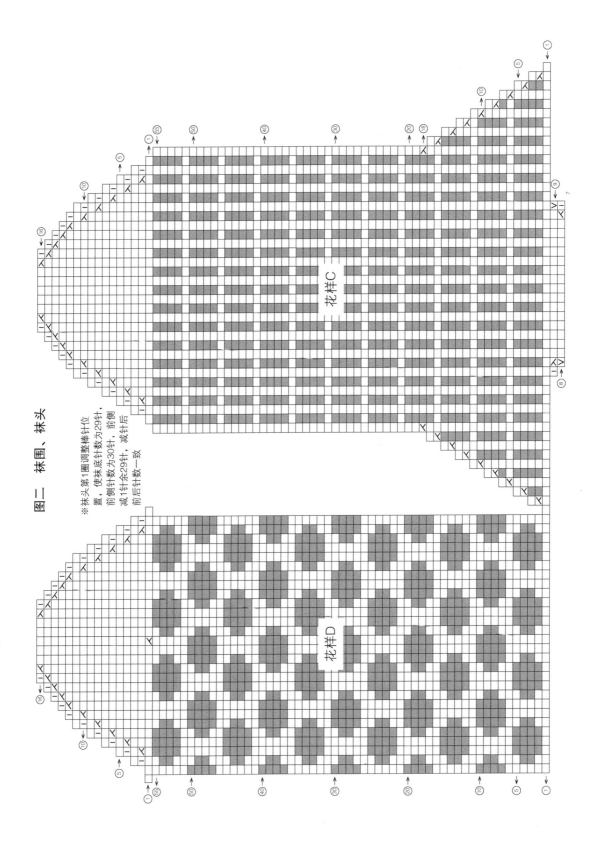

图二 袜围、袜头

※袜头第1圈调整棒针位
置，使袜底针数为29针，
前侧针数为30针，前侧
减1针余29针，减针后
前后针数一致

花样C

花样D

棒针基础符号和编织方法

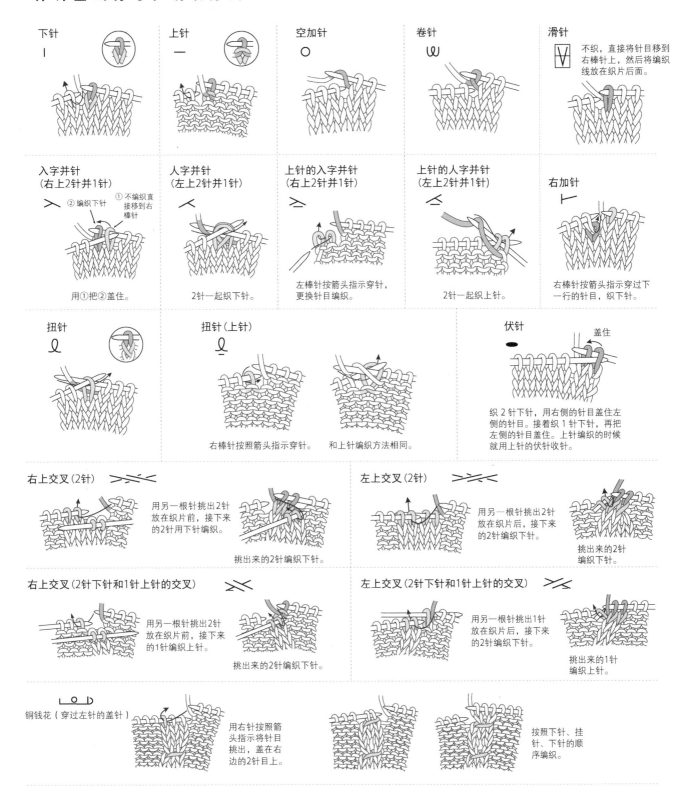

下针
|

上针
—

空加针
○

卷针

滑针
不织，直接将针目移到右棒针上，然后将编织线放在织片后面。

入字并针
（右上2针并1针）
②编织下针
①不编织直接移到右棒针
用①把②盖住。

人字并针
（左上2针并1针）
2针一起织下针。

上针的入字并针
（右上2针并1针）
左棒针按箭头指示穿针，更换针目编织。

上针的人字并针
（左上2针并1针）
2针一起织上针。

右加针
右棒针按箭头指示穿过下一行的针目，织下针。

扭针
右棒针按照箭头指示穿针。

扭针（上针）
和上针编织方法相同。

伏针
盖住
织2针下针，用右侧的针目盖住左侧的针目。接着织1针下针，再把左侧的针目盖住。上针编织的时候就用上针的伏针收针。

右上交叉（2针）
用另一根针挑出2针放在织片前，接下来的2针用下针编织。
挑出来的2针编织下针。

左上交叉（2针）
用另一根针挑出2针放在织片后，接下来的2针编织下针。
挑出来的2针编织下针。

右上交叉（2针下针和1针上针的交叉）
用另一根针挑出2针放在织片前，接下来的1针编织上针。
挑出来的2针编织下针。

左上交叉（2针下针和1针上针的交叉）
用另一根针挑出1针放在织片后，接下来的2针编织。
挑出来的1针编织上针。

铜钱花（穿过左针的盖针）
用右针按照箭头指示将针目挑出，盖在右边的2针目上。
按照下针、挂针、下针的顺序编织。

钩针基础符号和编织方法

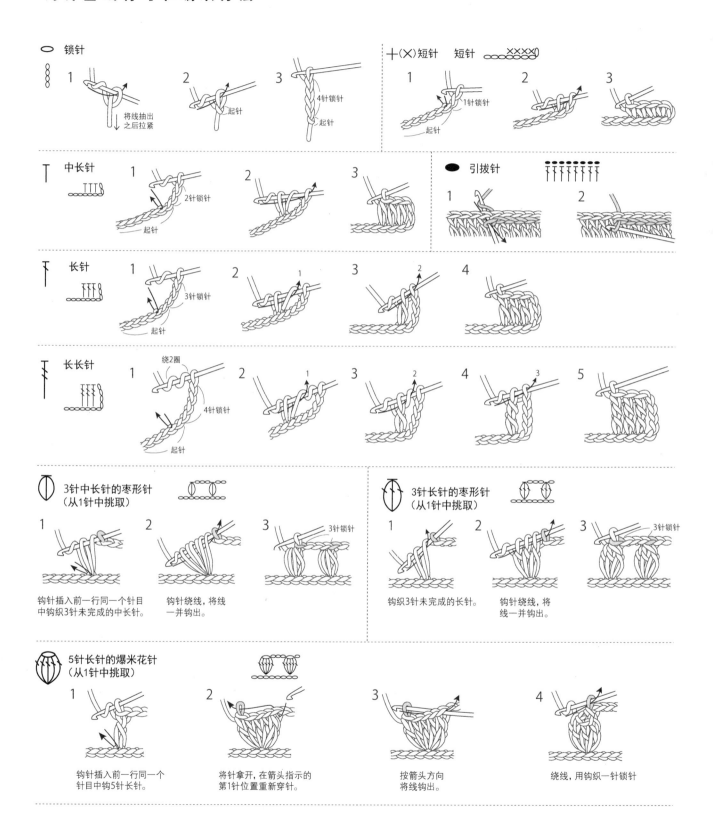

锁针

1 将线抽出之后拉紧
2 起针
3 4针锁针 起针

十(×)短针　短针

1 1针锁针 起针
2
3

中长针

1 2针锁针 起针
2
3

引拔针

1
2

长针

1 3针锁针 起针
2
3
4

长长针

1 绕2圈 4针锁针 起针
2
3
4
5

3针中长针的枣形针
（从1针中挑取）

1
2
3 3针锁针

钩针插入前一行同一个针目中钩织3针未完成的中长针。

钩针绕线，将线一并钩出。

3针长针的枣形针
（从1针中挑取）

1
2
3 3针锁针

钩织3针未完成的长针。

钩针绕线，将线一并钩出。

5针长针的爆米花针
（从1针中挑取）

1
2
3
4

钩针插入前一行同一个针目中钩5针长针。

将针拿开，在箭头指示的第1针位置重新穿针。

按箭头方向将线钩出。

绕线，用钩织一针锁针

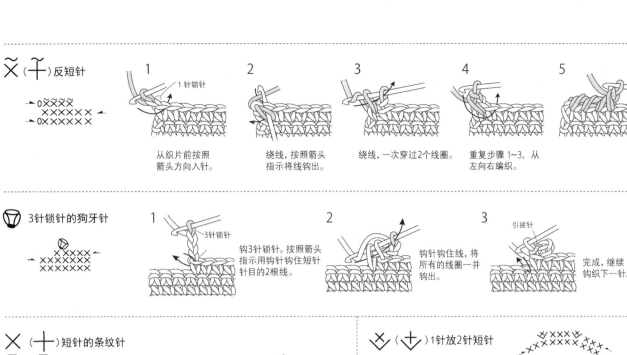

$\widetilde{\times}$ $(\widetilde{+})$ 反短针

从织片前按照箭头方向入针。

绕线，按照箭头指示将线钩出。

绕线，一次穿过2个线圈。

重复步骤1~3，从左向右编织。

1针锁针

$\bigcirc$ 3针锁针的狗牙针

钩3针锁针。按照箭头指示用钩针钩住短针针目的2根线。

钩针钩住线，将所有的线圈一并钩出。

完成，继续钩织下一针。

3针锁针

引拔针

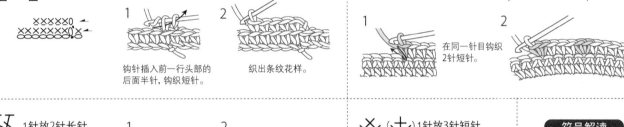

$\times$ $(+)$ 短针的条纹针

钩针插入前一行头部的后面半针，钩织短针。

织出条纹花样。

$\underset{\times}{\times}$ $(\underset{+}{+})$ 1针放2针短针

在同一针目钩织2针短针。

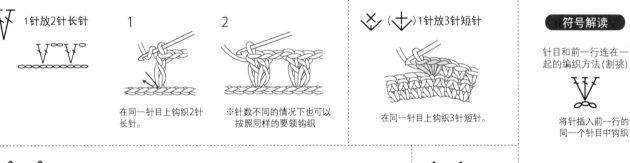

V 1针放2针长针

在同一针目上钩织2针长针。

※针数不同的情况下也可以按照同样的要领钩织

$\underset{\times}{\times}$ $(\underset{+}{+})$ 1针放3针短针

在同一针目上钩织3针短针。

符号解读

针目和前一行连在一起的编织方法（割挑）

V

将针插入前一行的同一个针目中钩织

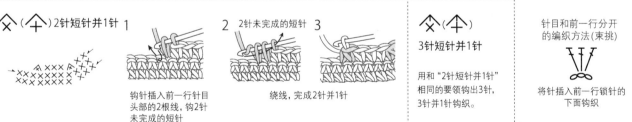

$\bigwedge_{\times}$ $(\bigwedge_{+})$ 2针短针并1针

钩针插入前一行针目头部的2根线，钩2针未完成的短针

2针未完成的短针

绕线，完成2针并1针

$\bigwedge_{\times}$ $(\bigwedge_{+})$ 3针短针并1针

用和"2针短针并1针"相同的要领钩出3针，3针并1针钩织。

针目和前一行分开的编织方法（束挑）

V

将针插入前一行锁针的下面钩织

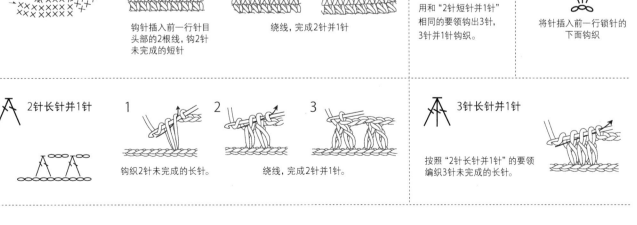

$\overline{\bigwedge}$ 2针长针并1针

钩织2针未完成的长针。

绕线，完成2针并1针。

$\overline{\bigwedge}$ 3针长针并1针

按照"2针长针并1针"的要领编织3针未完成的长针。

135

图书在版编目（CIP）数据

质趣志. 2, 编织的色彩乐章 / 回归线教研组编；
顾嬿婕主编. -- 上海：上海科学技术出版社，2023.8
（2023.12重印）
ISBN 978-7-5478-6255-1

Ⅰ. ①质⋯ Ⅱ. ①回⋯ ②顾⋯ Ⅲ. ①手工编织
Ⅳ. ①TS935.5

中国国家版本馆CIP数据核字（2023）第130781号

特约顾问：刘　欣
回归线教研组：王华莹　程钰根　刘　超　邹　丽　王星颖
电脑绘图：应丽君　夏明丽　叶丽云　张灵英
　　　　　王汝鑫　浦兰娟　刘黎丽　沈　琴
摄　　影：孙聪俐
图片后期：叶翠芳
插　　画：蓝天怡
视频制作：舒　舒
装帧设计：程钰根　罗　翩

质趣志 02　编织的色彩乐章

回归线教研组　编
顾嬿婕　主编

上海世纪出版（集团）有限公司
上海 科 学 技 术 出 版 社 出版、发行
（上海市闵行区号景路159弄A座9F-10F）
邮政编码201101　www.sstp.cn
上海雅昌艺术印刷有限公司印刷
开本 889×1194　1/16　印张 8.5
字数 200千字
2023年8月第1版　2023年12月第2次印刷
ISBN 978-7-5478-6255-1 / TS·258
定价：78.00元

本书如有缺页、错装或坏损等严重质量问题，请向印刷厂联系调换